职业院校加工制造类专业
校企合作开发成果教材

AutoCAD 机械制图
与计算机绘图 （第2版）

AutoCAD JIXIE ZHITU YU JISUANJI HUITU

主 编／王 钰 赵永磊 张文娜

ZJFS.BNUP.COM | WWW.BNUPG.COM

北京师范大学出版集团
BEIJING NORMAL UNIVERSITY PUBLISHING GROUP
北京师范大学出版社

图书在版编目(CIP)数据

AutoCAD 机械制图与计算机绘图/王钰,赵永磊,张文娜主编. —2版. —北京:北京师范大学出版社,2021.3(2023.12重印)
ISBN 978-7-303-25250-3

Ⅰ.①A… Ⅱ.①王…②赵…③张… Ⅲ.①机械制图—计算机制图—AutoCAD 软件—高等职业教育—教材 Ⅳ.①TH126

中国版本图书馆 CIP 数据核字(2019)第 242040 号

图书意见反馈:gaozhifk@bnupg.com 010-58805079
营销中心电话:010-58806880 58801876
编辑部电话:010-58806368

出版发行:北京师范大学出版社 www.bnupg.com
　　　　　北京市西城区新街口外大街 12-3 号
　　　　　邮政编码:100088
印　　刷:保定市中画美凯印刷有限公司
经　　销:全国新华书店
开　　本:787 mm×1092 mm 1/16
印　　张:27
字　　数:491 千字
版　　次:2021 年 3 月第 2 版
印　　次:2023 年 12 月第 9 次印刷
定　　价:58.00 元

策划编辑:庞海龙　　　　　　责任编辑:林　子　庞海龙
美术编辑:陈　涛　焦　丽　　装帧设计:陈　涛　焦　丽
责任校对:康　悦　　　　　　责任印制:马　洁

前　言

AutoCAD 是一款常用的计算机辅助设计软件，其应用范围遍及机械、建筑、轻工、航天等领域。党的二十大报告指出："推进新型工业化，加快建设制造强国、质量强国、航天强国、交通强国……"

计算机绘图课程一直是各职业院校机械、机电、建筑等专业的专业基础课程，教学内容的取舍、教学方法的使用、教学实例的选取都是教学过程中需要重点考量的。我们在充分考虑课程教学内容及特点的基础上，以"任务驱动"为出发点，以实用性强、针对性强的实例为引导，组织了本书内容及编排方式：精心选取 AutoCAD 的一些常用功能及与机械制图密切相关的知识构成全书的主要内容；以工作项目（工作任务）贯穿全书，并按照工作过程系统性进行编排；每个工作项目（工作任务）都有较详细的操作步骤，将理论知识融入实践操作，学生在完成工作任务的过程中增长知识和掌握技能；书中既介绍了 AutoCAD 的各命令的操作方法与技巧，又提供了丰富的绘图练习，便于教师采取"边讲边练"的教学方式。

当代的职业教育，信息化教学的观念已深入人心，教学活动的开展不再单纯依赖纸质教材。因此，本书还提供了教案、课件以及微课视频等配套资源，希望它们和教材一起成为教师的好助手，学生的好朋友，希望它们能帮助教师们顺利完成课堂教学，帮助同学们轻松完成课前预习、课后复习。如果同学们能在它们的帮助下独立完成知识的学习，我们会倍感欣慰。

全书包含"二维绘图编"和"三维绘图编"共 17 个项目，其中"二维绘图编"包含 10 个项目，主要介绍了 AutoCAD 的工作界面与基本操作、基本绘图环境的设置、绘制和编辑二维图形、创建文本和尺寸标注、图块的使用、图纸的布局与打印和二维绘图综合实例；"三维绘图编"包含 7 个项目，主要介绍了三维图形的观察与显示、三维坐标系的使用、三维实体的创建与编辑以及三维造型综合实例。

本书由山东省轻工工程学校王钰、张文娜，青岛工程职业学院赵永磊共同担任主编。由于编者水平有限，加之时间仓促，书中难免存在疏漏之处，恳请读者批评指正。

目 录

二维绘图编

三维绘图编

二维绘图编

项目一

工作界面与基本操作

➜ 项目导航

本项目主要介绍 AutoCAD 2019 版软件的工作界面组成、工作界面的基本操作、AutoCAD 命令的调用方法、图形文件的操作方法、图形的观察方法以及 AutoCAD 2019 帮助功能的使用方法。

➜ 学习要点

1. 熟悉软件工作界面的组成，会对工作界面进行基本操作。

2. 掌握调用 AutoCAD 命令的方法，会重复命令和取消已执行的操作。

3. 掌握对图形文件进行新建、打开、保存等基本操作。

4. 掌握通过鼠标滚轮对视图进行缩放、实时平移的方法。

5. 会使用 AutoCAD 的帮助功能。

任务一　熟悉并布置工作界面

➔ 任务目标

1. 熟悉 AutoCAD 2019 的工作界面的组成。

2. 掌握切换工作界面的方法，会对工作界面进行基本操作。

➔ 任务描述

启动 AutoCAD 2019，在"草图与注释"工作界面中，为快速访问工具栏添加"工作空间"按钮，并删除"打印"按钮；将功能区最小化为选项卡；显示"图层"工具栏；将工作空间由"草图与注释"转换为"三维建模"。

➔ 学习活动

AutoCAD 2019 提供了"草图与注释""三维基础"和"三维建模"三种工作界面模式。

启动 AutoCAD 2019，默认打开的是如图 1-1-1 所示的"草图与注释"工作界面。该界面主要用于二维绘图，由标题栏、工具栏、菜单栏、绘图文件选项卡、绘图窗口、光标、坐标系图标、命令窗口、状态栏、模型/布局选项卡、滚动条、菜单浏览器及 ViewCube 等组成。

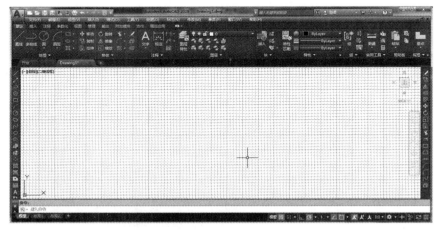

图 1-1-1　AutoCAD 2019 的"草图与注释"工作界面

根据绘图需要，用户可自由切换工作界面，具体操作方法将在本任务实践活动中详细介绍。

"草图与注释"工作界面中各主要组成部分功能介绍如下。

1. 标题栏

标题栏位于工作界面的最上方,用于显示 AutoCAD 2019 的程序图标以及当前所操作图形文件的名称。位于标题栏右侧的各窗口管理按钮,用于实现 AutoCAD 2019 窗口的最小化、还原(或最大化)及关闭 AutoCAD 等操作。

2. 工具栏

AutoCAD 2019 提供了"快速访问工具栏"(如图 1-1-1 所示)。该工具栏用于放置常用的命令按钮,默认的有"新建"按钮 、"打开"按钮 、"保存"按钮 、"另存为"按钮 、"从 Web 和 Mobile 中打开"按钮 、"保存到 Web 和 Mobile"按钮 和"打印"按钮 。

用户可以根据需要为快速访问工具栏添加命令按钮,操作方法是:单击位于快速访问工具栏最右侧的向下小箭头,在弹出的下拉列表中选择要添加的按钮;还可以在快速访问工具栏上右击,AutoCAD 会弹出快捷菜单,如图 1-1-2 所示。从快捷菜单中选择"自定义快速访问工具栏"选项,打开"自定义用户界面"对话框,如图 1-1-3 所示。从窗口的命令列表中找到需要添加的命令,将其拖到快速访问工具栏中,即可完成命令按钮的添加。

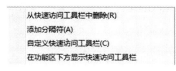

图 1-1-2 快捷菜单　　　　　　　　图 1-1-3 "自定义用户界面"对话框

除了"快速访问工具栏",AutoCAD 2019 还提供了 40 多个工具栏,每个工具栏上均提供了形象化的按钮。单击其中的某个按钮,即可执行 AutoCAD 的相应命令。图 1-1-1 在工作界面中显示了打开的"绘图"工具栏和"修改"工具栏。

如果将光标在某个命令按钮上稍作停留,AutoCAD 会弹出工具提示,以说明该按钮的功能以及对应的绘图命令。图 1-1-4 所示为绘图工具栏以及与绘制多边形按钮 对应的工具提示。

图 1-1-4 绘制多边形工具提示

将光标移至工具栏的某个按钮上,并在显示出工具提示后再停留一段时间,系统会显示出扩展的工具提示,如图 1-1-5 所示。扩展的工具提示是对相应的绘图命令更详细的说明。

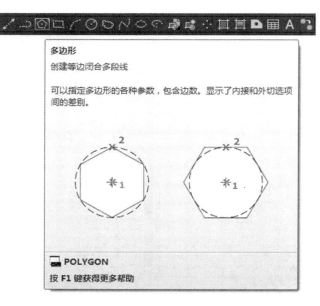

图 1-1-5 扩展的工具提示

在工具栏中，利用右下角有小黑三角形的按钮，可以引出一个包含相关命令的弹出式工具栏。将光标置于该按钮上，按住左键停留片刻，会显示弹出式工具栏。图 1-1-6 所示为从"标准"工具栏的窗口缩放按钮  引出的弹出式工具栏。

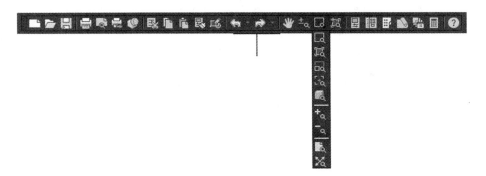

图 1-1-6　弹出式工具栏

用户可以根据需要打开或关闭任何一个工具栏，操作方法：选择菜单命令"工具"｜"工具栏"｜"AutoCAD"，弹出工具栏列表，该列表中列有 AutoCAD 可提供的全部工具栏。选择某一项，即可在绘图界面显示出对应的工具栏。在该列表中，前面有√的菜单项表示对应的工具栏已处于打开状态，否则表示工具栏处于关闭状态。

AutoCAD 的工具栏是浮动的，用户可以将各工具栏拖放到工作界面的任意位置。由于绘图区域有限，一般绘图时应根据需要只打开当前使用或常用的工具栏，并将其显示在绘图窗口的适当位置。

3. 菜单栏

菜单栏是 AutoCAD 2019 的主菜单。利用 AutoCAD 2019 提供的菜单可以执行 AutoCAD 的大部分命令。选择菜单栏中的某一选项，系统会弹出相应的下拉菜单。图 1-1-7 所示为"格式"下拉菜单（部分）。

图 1-1-7　"格式"下拉菜单（部分）

AutoCAD 2019 的下拉菜单具有以下特点。

①右侧有"▶"的菜单项，表示该菜单项有子菜单，如图 1-1-7 所示的"格式"下拉菜单中的"图层工具"菜单项。

②右侧有"…"的菜单项，表示单击该菜单项后会打开一个对话框，如图 1-1-7 所示的"格式"下拉菜单中的"图层"菜单项。

③右侧没有内容的菜单项，表示单击后系统会直接执行相应的 AutoCAD 命令。

显示 AutoCAD 菜单栏的操作方法是：单击位于快速访问工具栏最右侧的向下小箭头，弹出一个下拉列表，从中选择"显示菜单栏"选项。

4. 功能区

在 AutoCAD 2019 的各个工作空间中，都有"功能区"选项板，位于绘图窗口的上方，由"默认""插入""注释""参数化""视图""管理""输出"等多个选项卡组成。每个选项卡又包含若干个面板，每个面板又包含许多由图标表示的命令按钮，如图 1-1-8 所示。

图 1-1-8 功能区(部分)

用户可根据需要对功能区做如下操作：单击功能区顶部的 ▭ 按钮，收拢功能区，仅显示选项卡及面板的文字标签，再次单击该按钮，面板的文字标签消失，继续单击该按钮，展开功能区。

5. 绘图文件选项卡

当在 AutoCAD 环境中打开或绘制不同文件名的多个图形时，AutoCAD 会将各图形文件的名称显示在对应的选项卡上。单击某一选项卡，可将该图形文件切换为当前绘图文件。

6. 绘图窗口

类似于手工绘图时的图纸，绘图窗口是绘图的工作区域，用户可在这里绘制和编辑图形。

AutoCAD 的绘图区域是无限大的，用户可以通过相应工具栏 中的命令在有限的屏幕范围内观察绘图区中的图形。

7. 光标

当光标位于 AutoCAD 的绘图窗口内时为十字形状（简称十字光标），在绘图窗口外呈箭头形状。十字线的交点为光标的当前位置。光标用于实现拾取点、选择对象等操作。

8. 坐标系图标

进行二维绘图时，坐标系图标通常位于绘图窗口的左下角，表示当前绘图所使用的坐标系的形式以及坐标方向等。AutoCAD 提供了世界坐标系（World Coordinate System，WCS）和用户坐标系（User Coordinate System，UCS）两种坐标系。世界坐标系为默认坐标系，且默认水平向右为 X 轴的正方向，垂直向上为 Y 轴的正方向。对于二维绘图而言，世界坐标系已经可以满足绘图要求。但当绘制三维图形时，一般需要使用用户坐标系。项目十一将详细介绍 UCS 的定义与使用方法。

9. 命令窗口

命令窗口是 AutoCAD 显示用户从键盘键入的命令和 AutoCAD 提示信息的位置。命令窗口可以拖放为浮动窗口，将鼠标放在窗口的上边缘，鼠标指针变成双向箭头，按住鼠标左键上下拖动就可以增加或减少窗口显示的行数。文本窗口可以显示当前工作任务的完整的命令历史记录，使用 F2 键可以打开或关闭文本窗口。

10. 状态栏

状态栏可显示十字光标的坐标值、绘图状态切换工具以及用于快速查看和注释缩放的工具，还可以切换工作空间。

实践活动

No.1　启动软件，为快速工具栏添加、删除按钮

①双击桌面图标 ，启动 AutoCAD 2019，进入"草图与注释"工作空间。

②单击快速访问工具栏最右侧的向下小箭头，在弹出的下拉列表中选择"工作空间"，如图 1-1-9 所示，即完成"工作空间"按钮的添加，效果如图 1-1-10 所示。

图 1-1-9　选择"工作空间"按钮

图 1-1-10　添加"工作空间"按钮

③单击快速访问工具栏最右侧的向下小箭头，在弹出的下拉列表中选择"打印"，即完成按钮的删除，效果如图 1-1-11 所示。

图 1-1-11　删除"打印"按钮

No. 2　将功能区最小化为选项卡

单击功能区面板最右端的 ⬆ 按钮，在弹出的菜单中选择"最小化为选项卡"，如图 1-1-12 所示，完成效果如图 1-1-13 所示。

图 1-1-12　选择"最小化为选项卡"

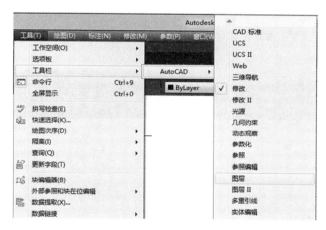

图 1-1-13　将功能区最小化为选项卡

No. 3　显示"图层"工具栏

单击"工具"下拉菜单，选择"工具栏"|"AutoCAD"|"图层"，如图 1-1-14 所示，完成效果如图 1-1-15 所示。

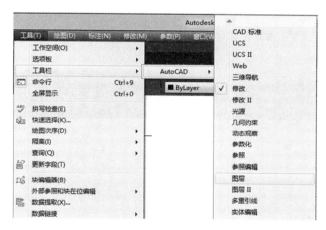

图 1-1-14　在菜单上选择"图层"

图 1-1-15　显示"图层"工具栏

No. 4　切换工作空间

单击快速访问工具栏的"工作空间"按钮（在前面的操作中已添加），选择"三维建模"，如图 1-1-16 所示；或者在状态栏中单击 ⚙ ▾ 按钮，在弹出的菜单中选择"三维建模"，如图 1-1-17 所示，完成效果如图 1-1-18 所示。

图 1-1-16　快速访问工具栏选择"三维建模"　　图 1-1-17　状态栏中选择"三维建模"

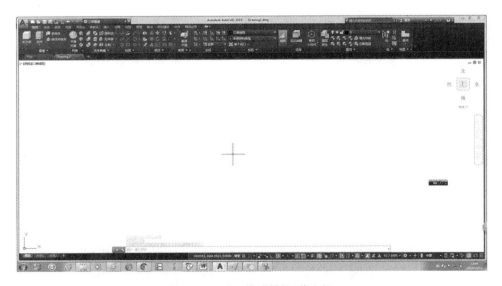

图 1-1-18　"三维建模"工作空间

专业对话

谈一谈你对学习 AutoCAD 的看法和认识。

任务评价

考核标准见表 1-1-1。

表 1-1-1 考核标准

序号	检测内容	检测项目	分值	要求	学生自评得分	教师评价得分
1	熟悉并布置工作界面	启动软件	10	操作正确无误		
2		对快速访问工具栏的操作	10			
3		对功能区的操作	10			
4		对工具栏的操作	10			
5		切换工作空间	10			
6	知识运用	运用所学知识按要求完成操作	20	操作正确无误		
7	安全规范	使用正确的方法启动、关闭计算机	15	按照要求操作		
8		注意安全用电规范，防止触电	15			
				合计		

拓展活动

一、填空题

1. AutoCAD 2019 提供了_____、_____和_____三种工作界面模式。

2. AutoCAD 提供了_____和_____两种坐标系。

3. AutoCAD 中_____为默认坐标系，且默认_____方向为 X 轴的正方向，_____为 Y 轴的正方向。

4. 使用_____键可以打开或关闭文本窗口。

二、选择题

1. 当丢失了下拉菜单，可以用下面哪一个命令重新加载标准菜单？（   ）

A. LOAD   B. NEW   C. OPEN   D. MENU

2. 在命令行状态下，不能调用帮助功能的操作是（   ）。

A. 键入"HELP"命令   B. 快捷键 Ctrl＋H

C. 功能键 F1   D. 键入"?"

3. 以下哪个不能在"工具/自定义"中定义？（   ）

A. 菜单   B. 状态栏   C. 工具栏   D. 键盘

4. 默认的世界坐标系的简称是（　　　）。

A. CCS   B. UCS   C. UCIS   D. WCS

三、上机实践

启动 AutoCAD 2019，在"草图与注释"工作空间中，为快速访问工具栏添加"图层"按钮，并删除"重做"按钮；关闭"输出"功能区选项卡；将工作空间由"草图与注释"转换为"三维基础"，在其中打开"动态观察"工具栏。

➔ 课外拓展

我国 CAD 软件行业经历了五个发展阶段，1981—1990 年，我国 CAD 产业处于初步探索阶段，国家重视产业发展，联合高校进行技术研发；1991—1995 年，政府提出"甩图板"口号，CAD 软件加大了普及推广力度；1996—2000 年，CAD 软件攻关取得阶段性成果，近百种国产 CAD 应用软件 20 余万套在国内得到了较为广泛的应用，其中包括大量的基于 AutoCAD 的二次开发商；2001—2010 年，中国对于知识产权的保护力度加大，推动软件正版化普及工作，国产 CAD 企业发展迅速，二维 CAD 国产市场不断扩大。2011 年至今，国家颁布一系列的政策促进工业软件的发展，CAD 软件行业持续发展，国内企业不断加大技术研发，拓展三维 CAD 领域市场。

近年来，围绕制造强国和网络强国建设目标，我国发布并实施了多项法律法规、产业政策推动工业软件产业快速发展。国家的高度重视和大力支持有助于提升工业软件企业信心，保障工业软件企业权益，推动自主工业软件体系化发展和产业化应用，助力 CAD 软件行业实现战略目标。

任务二　命令的执行

➔ 任务目标

1. 掌握调用 AutoCAD 命令的方法。

2. 会重复命令和取消已执行的操作。

3. 理解命令的执行过程。

➔ 任务描述

使用四种方法调用"直线"命令，通过绘制直线，体验命令的调用和交互过程。

→ **学习活动** —————————————————————

一、 调用命令

AutoCAD 的功能大多是通过执行相应的命令来完成的。一般情况下，用户可以通过以下方式执行命令。

1. 通过键盘输入命令

当命令窗口中的最后一行提示为"命令:"时，可以通过键盘输入命令，然后通过按回车键来执行该命令，但该操作方式需要用户牢记 AutoCAD 的相应命令。

2. 通过键盘输入命令缩写字

当命令窗口中的最后一行提示为"命令:"时，可以通过键盘输入命令的缩写字，然后通过按回车键来执行该命令，但该操作方式需要用户牢记 AutoCAD 的相应命令缩写字。

3. 通过功能区选项卡中的按钮执行命令

选择功能区某选项卡中某一个按钮，可执行相应的 AutoCAD 命令。

4. 通过菜单或工具栏执行命令

单击菜单栏或工具栏上的某一个按钮，即可执行相应的 AutoCAD 命令。

二、 命令执行过程

AutoCAD 的命令执行过程是交互式的。当用户输入命令时，需按回车键确认，系统才会执行该命令。而执行过程中，系统有时要等待用户输入必要的参数，如输入命令选项、点的坐标或其他几何数据等，输入完成后，也要按回车键，系统才能继续执行下一步操作。

①命令提示行中的方括号"[ ]"里以"/"隔开的内容表示各个命令选项。若要选择某个选项，则需输入圆括号中的字母，可以是大写形式，也可以是小写形式。

②命令提示行中尖括号"<＞"中的内容是当前默认值。

③当使用某一命令时按 F1 键，AutoCAD 将显示该命令的帮助信息。也可将光标在命令按钮上放置片刻，AutoCAD 就会在按钮附近显示该命令的简要提示信息。

三、 重复执行命令

当完成某一命令的执行后，如果需要重复执行该命令，除了可以通过上述几种方式，还可以通过以下方式重复执行命令。

①直接按回车键或 Space 键(空格)。

②将光标置于绘图窗口，右击，AutoCAD 弹出快捷菜单，在菜单的第一行显示重复执行上一次所执行的命令，选择此命令即可。

四、 结束命令

结束当前命令有以下几种情况。

1. 自行结束

当命令运行步骤结束后，当前命令可自行结束。

2. 右键快捷菜单结束命令

命令运行过程中，右击，在快捷菜单中选择"确认"选项即可结束当前命令，如图 1-2-1 所示。

图 1-2-1　使用快捷菜单结束命令

3. 快捷键 Esc 键结束命令

任何一个正在执行的命令，均可通过按下键盘上的 Esc 键结束，同时取消当前操作。

4. 选择下一个需执行的命令结束当前命令

在当前命令执行过程中直接选取下一个要执行的命令，则当前命令结束，所选择的下一个命令被激活，进入执行状态。

五、 放弃和重做已执行的命令

在命令执行过程中，对于一些已经进行的操作，可以放弃和重做。

1. 放弃

单击"编辑"|"放弃"或单击"标准"工具栏中图标 ，放弃上一次命令操作(U

命令）；单击"标准"工具栏中图标 ⟵ ▾，放弃上几次命令操作（UNDO 命令）。

2. 重做

单击"编辑"｜"重做"或单击"标准"工具栏中图标 ⟶ ▾，恢复刚用 U 或 UNDO 命令所放弃的命令操作。

六、 鼠标的使用

作为一种输入设备，鼠标在 AutoCAD 中主要用于输入命令、控制命令的执行、输入坐标以及拾取图形对象等。鼠标的左右按键以及滚轮可以实现以下功能。

左键：拾取键。用于单击工具栏按钮及选取菜单选项以发出命令，也可以在绘图过程中指定点和选择图形对象等。

右键：一般作为回车键，命令执行完成后，常右击来结束命令。在有些情况下，右击将弹出快捷菜单，该菜单上有"确认"选项。

滚轮：转动滚轮，将放大或缩小图形，默认情况下，缩放增量为 10%。按住滚轮并拖动鼠标，则平移图形。

→ 实践活动

No.1 调用"直线"命令

方法一：在命令行输入命令名。

在命令行"命令:"提示后键入"LINE"（字符不分大小写），按回车键，如图 1-2-2 所示。

图 1-2-2 命令行输入命令

方法二：在命令行输入命令缩写字。

在命令行"命令:"提示后键入"L"，按回车键，如图 1-2-3 所示。

图 1-2-3 命令行输入命令缩写

方法三：单击功能区选项卡按钮。

单击"默认"选项卡"绘图"选项组中的"直线"按钮，如图 1-2-4 所示。

图 1-2-4　功能区选择命令

方法四：单击下拉菜单中的菜单选项或工具栏中对应图标。

单击"绘图"下拉菜单中的"直线"，如图 1-2-5 所示。

图 1-2-5　菜单中选择命令

单击"绘图"工具栏中"直线"命令图标，如图 1-2-6 所示。

图 1-2-6　工具栏中选择命令

No.2　绘制直线

①调用"直线"命令后，观察命令窗口，命令行提示"指定第一个点"，如图 1-2-7 所示。

图 1-2-7　直线命令提示一

②观察绘图区，此时绘图区状态如图 1-2-8 所示，十字光标右下角提示的内容将在后续项目中介绍，这里先任取一点，单击鼠标，以确定第一点的坐标值。

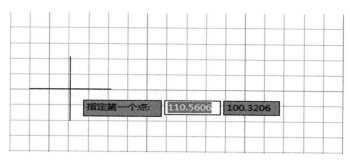

图 1-2-8　调用命令后绘图区的显示

③观察命令窗口，系统再次给出提示，要求"指定下一点"，如图 1-2-9 所示。

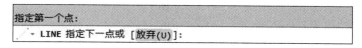

图 1-2-9　直线命令提示二

④观察绘图区，移动鼠标，此时绘图区状态如图 1-2-10 所示，再次单击鼠标指定第二点的坐标值。

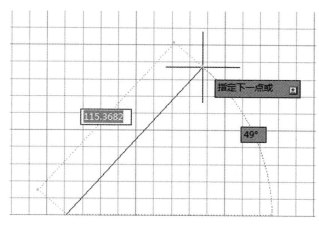

图 1-2-10　指定第一点后绘图区的显示

⑤观察命令窗口，系统再次给出 1-2-9 所示的提示，可以重复第 4 步的操作多绘制几条直线。

⑥按键盘上的 Esc 键结束命令。

⑦按键盘空格键，重复调用直线命令。

⑧按第 1 步至第 4 步的过程绘制直线。

⑨观察命令窗口，在"指定下一点"提示后还有"或［闭合（C）/放弃（U）］"等提示，选择闭合，输入其后的字母"C"，可获得与图 1-2-11 类似的运行结果。

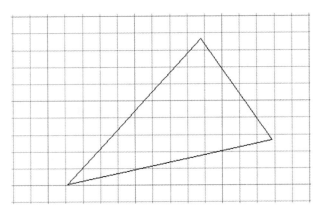

图 1-2-11　选择[闭合(C)]选项后绘图区的显示

⑩单击快速访问工具栏中的按钮 ⬅ 调用"放弃"命令，观察绘图区的变化。

⑪单击快速访问工具栏中的按钮 ➡ 调用"重做"命令，观察绘图区的变化。

⊙ 专业对话

谈一谈你对 AutoCAD 交互式命令执行方式的看法。

⊙ 任务评价

考核标准见表 1-2-1。

表 1-2-1　考核标准

序号	检测内容	检测项目	分值	要求	学生自评得分	教师评价得分
1	命令执行	调用命令	10	操作正确无误		
2		重复调用命令	10			
3		结束命令	10			
4		放弃和重做命令	10			
5		命令的交互执行	20			
6	知识运用	运用所学知识按要求完成操作	20	操作正确无误		
7	安全规范	使用正确的方法启动、关闭计算机	10	按照要求操作		
8		注意安全用电规范，防止触电	10			
				合计		

→ **拓展活动**

一、填空题

1. 取消当前操作的快捷键是_____。

2. 重复调用命令可以使用_____键或者_____键。

3. 命令提示行中尖括号"<>"中的内容是_____。

4. 当使用某一命令时按_____键，AutoCAD将显示该命令的帮助信息。

二、选择题

1. 在十字光标处被调用的菜单称为(　　)。

A. 鼠标菜单　　　　　　　　　B. 十字交叉线菜单

C. 快捷菜单　　　　　　　　　D. 此处不出现菜单

2. 设置"夹点"大小及颜色是在"选项"对话框中的(　　)选项卡中。

A. 打开和保存　　　B. 系统　　　C. 显示　　　　　D. 选择

3. 可以利用以下哪种方法来调用命令？(　　)

A. 在命令行输入命令　　　　　B. 单击工具栏上的按钮

C. 选择下拉菜单中的菜单项　　D. 以上三者均可

任务三　图形文件管理

→ **任务目标**

1. 掌握图形文件新建、打开、关闭的方法。

2. 掌握图形文件保存、另存为的操作方法。

3. 掌握新建样板文件、多个文件操作的方法。

→ **任务描述**

新建一个图形文件，将其保存，文件名为"工程图"，而后关闭文件。打开Auto-CAD系统自带的名为"acad"的样板文件，并以"工程制图"为文件名保存到D盘的根文件夹中。

➔ 学习活动

一、 新建图形文件

AutoCAD 2019 提供了非常便捷的新建图形操作。启动 AutoCAD 2019，单击"开始"选项卡右边的"＋"，即可新建一个图形文件，如图 1-3-1 所示，AutoCAD 图形文件的扩展名为 dwg。

除此之外，还可以利用其他方法新建图形文件：在快速访问工具栏或"标准"工具栏中单击"新建"按钮 ，或单击"菜单浏览器"按钮 ，在弹出的菜单中选择"新建"|"图形"命令，启动新建图形文件命令，此时弹出"选择样板"对话框，如图 1-3-2 所示。

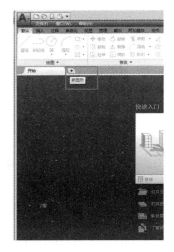

图 1-3-1 "开始"选项卡

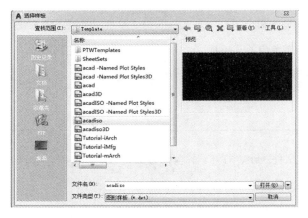

图 1-3-2 "选择样板"对话框

在该对话框中选择相应的样板(初学者一般选择样板文件 acadiso.dwt 即可)，单击"打开"按钮，即可以相应的样板文件为模板建立新图形。如果不使用样板，则可单击对话框中"打开"按钮旁边的黑三角按钮进行选择，如图 1-3-3 所示。

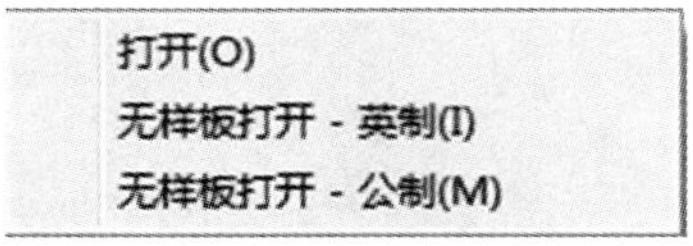

打开(O)
无样板打开 - 英制(I)
无样板打开 - 公制(M)

图 1-3-3 "无样板打开"命令

AutoCAD 的样板文件是扩展名为 dwt 的文件。样板文件上通常包括一些通用图形对象，如图框、标题栏等，还包括一些与绘图相关的设置，用户可以根据需要建立自己的样板文件。

二、 保存图形文件

在快速访问工具栏中单击"保存"按钮 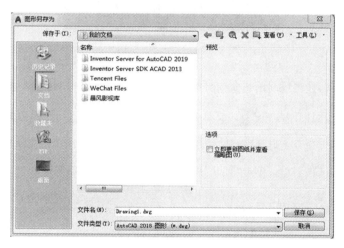 ，或单击"菜单浏览器"按钮 ，在弹出的菜单中选择"保存"命令，启动保存命令，弹出"图形另存为"对话框，如图 1-3-4 所示。用户在该对话框中指定文件的保存位置及名称，然后单击"保存"按钮，即可完成保存图形操作。

图 1-3-4 "图形另存为"对话框

三、 换名保存图形文件

对已保存过的文件更改保存路径、名称和文件类型，可在快速访问工具栏中单击"另存为"按钮 ，或单击"菜单浏览器"按钮 ，在弹出的菜单中选择"另存为"命令，调用"另存为"命令，同样弹出图 1-3-4 所示的对话框，指定好新的保存路径、文件名和文件类型后，单击"保存"按钮即可。

四、 打开已有图形文件

AutoCAD 2019 同样提供了非常便捷的打开图形文件操作。启动 AutoCAD 2019，单击"开始"界面中的"打开文件"，如图 1-3-5 所示，即可打开已有图形文件。

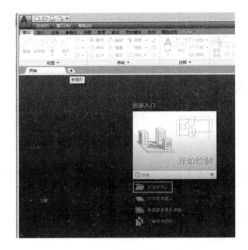

图 1-3-5 "打开文件"选项

除此之外，还可以利用其他方法打开已有图形文件：在快速访问工具栏中或"标准"工具栏单击"打开"按钮 ，或单击"菜单浏览器"按钮 ，在弹出的菜单中选择"打开"｜"图形"命令，启动"打开"命令，将弹出如图 1-3-6 所示的"选择文件"对话框，指定好路径和文件名后，单击"打开"按钮即可打开一个已有的文件。

图 1-3-6 "选择文件"对话框

五、 同时打开多个文件

在一个 AutoCAD 任务下可以同时打开多个图形文件。方法是在"选择文件"对话框中按下 Ctrl 键的同时选中几个要打开的文件。

若欲将某一打开的文件设置为当前文件，只需单击该文件的图形区域即可，也可以通过组合键 Ctrl＋F6 或 Ctrl＋Tab 在已打开的不同图形文件之间切换。

六、 图形文件的打开方式

图形文件可以以"打开""以只读方式打开""局部打开"和"以只读方式局部打开"四种方式打开。以"打开"和"局部打开"方式打开图形，可以对图形文件进行编辑；以"以只读方式打开"和"以只读方式局部打开"方式打开图形，则无法对图形文件进行编辑。

⊙ 实践活动 ——●

No. 1　新建图形文件

①启动 AutoCAD 2019，单击"开始"选项卡右边的"＋"，新建一个图形文件。

②在快速访问工具栏中单击"保存"按钮 ，或单击"菜单浏览器"按钮 ，在弹出的菜单中选择"保存"命令，启动保存命令，弹出"图形另存为"对话框，如图 1-3-7 所示，在"文件名"一栏输入"工程图"，单击 **保存(S)** 按钮，即完成文件的保存。

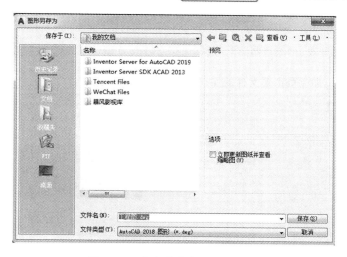

图 1-3-7　将文件保存为"工程图"

No. 2　打开图形文件

在快速访问工具栏中单击"打开"按钮 ，或单击"菜单浏览器"按钮 ，在弹

出的菜单中选择"打开"｜"图形"命令，启动打开命令，弹出"选择文件"对话框，在
"文件类型"中选择"图形样板"，在"文件名"栏中选中"acad"，单击 打开(0) ▼ 按
钮，即可打开文件"acad"，如图 1-3-8 所示。

图 1-3-8　打开"acad"样板文件

No.3　保存图形文件

单击"菜单浏览器"按钮 ，在弹出的菜单中选择"另存为"命令，在弹出的对话
框中将文件名更改为"工程制图"，选择保存路径为 D 盘，单击 保存(S) 按钮，如
图 1-3-9 所示，即完成图形文件的保存。

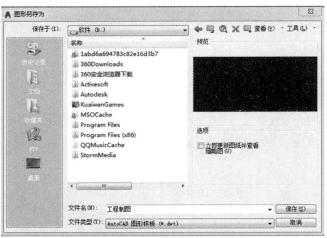

图 1-3-9　换名保存图形文件

→ 专业对话 ────────────────────●

AutoCAD 保存文件的操作和 Word 保存文件的方法非常相似，但也有不同，谈谈你对这两者保存文件方法的看法吧！

→ 任务评价 ────────────────────●

考核标准见表 1-3-1。

表 1-3-1　考核标准

序号	检测内容	检测项目	分值	要求	学生自评得分	教师评价得分
1	图形文件管理	新建图形文件	10	操作正确无误		
2		保存图形文件	10			
3		换名保存图形文件	10			
4		打开已有图形文件	10			
5		同时打开多个图形文件	10			
6	知识运用	运用所学知识按要求完成操作	20	操作正确无误		
7	安全规范	使用正确的方法启动、关闭计算机	15	按照要求操作		
8		注意安全用电规范，防止触电	15			
				合计		

→ 拓展活动 ────────────────────●

一、填空题

1. AutoCAD 图形文件的扩展名是_____，样板文件的扩展名是_____。

2. 使用_____键可以同时打开多个图形文件。

3. 图形文件可以以_____、_____、_____和_____四种方式打开。

二、选择题

1. 在 AutoCAD 中，使用（　　）可以在打开的图形间来回切换，但是，在某些时间较长的操作（如重生成图形）期间不能切换图形。

A. Ctrl＋F9 组合键或 Ctrl＋Shift 组合键

B. Ctrl＋F9 组合键或 Ctrl＋Tab 组合键

C. Ctrl＋F6 组合键或 Ctrl＋Tab 组合键

D. Ctrl＋F7 组合键或 Ctrl＋Lock 组合键

2. 当启动向导时，如果选"使用样板"选项，每一个 AutoCAD 的样板图形的扩展名应为（　　）。

A. dwg   B. dwt   C. dwk   D. tem

3. AutoCAD 不能输出以下哪种格式？（　　　）

A. jpg   B. bmp   C. swf   D. 3ds

项目二

设置基本绘图环境

➔ 项目导航

本项目主要介绍使用 AutoCAD 2019 版软件进行精确绘图时用到的一些操作。使用系统提供的对象捕捉、对象捕捉追踪等功能，在不输入坐标的情况下快速、精确地绘图。

➔ 学习要点

1. 会设置图形单位。

2. 会设置图形界限、栅格与捕捉。

3. 掌握使用对象捕捉与自动追踪的方法。

4. 掌握选择对象的方法。

5. 会控制图形的显示。

6. 会设置图层。

7. 会调整线型比例。

8. 会修改对象特性。

任务一　设置图形单位

→ **任务目标**

1. 会设置长度单位。

2. 会设置角度单位。

→ **任务描述**

设立图形长度单位格式为小数，精度为小数点后两位；设置角度单位格式为十进制，精度为整数。

→ **学习活动**

绘图中创建的所有对象都是根据图形单位进行测量的。此时就需要设置图形长度单位和角度单位的格式以及它们的精度。

选择菜单栏中的"格式"|"单位"，打开"图形单位"对话框，如图 2-1-1 所示。

图 2-1-1　"图形单位"对话框

①"长度"与"角度"选项组：指定测量的长度与角度的当前单位及精度。

②"插入时的缩放单位"选项组：控制插入当前图形中的块和图形的测量单位。如果块或图形创建时使用的单位与该选项指定的单位不同，则在插入这些块或图形时，将对其按比例进行缩放。插入比例是原块或图形使用的单位与目标图形使用的单位之比。如果插入块时不按指定单位缩放，则在其下拉列表框中选择"无单位"选项。

③"输出样例"选项组：显示用当前单位和角度设置的例子。

④"光源"选项组：控制当前图形中光度控制光源的强度的测量单位。为创建和使用光度控制光源，必须从下拉列表框中指定非"常规"的单位。如果"插入时的缩放单位"设置为"无单位"，则将显示警告信息，通知用户渲染输出可能不正确。

⑤"方向"按钮：单击该按钮，系统打开"方向控制"对话框，如图 2-1-2 所示，可进行方向控制设置。

图 2-1-2 "方向控制"对话框

→ 实践活动

①单击"格式"下拉菜单，选择"单位"菜单项，弹出"图形单位"对话框。

②在"长度"选项组的"类型"下拉列表框中选择"小数"，如图 2-1-3 所示。

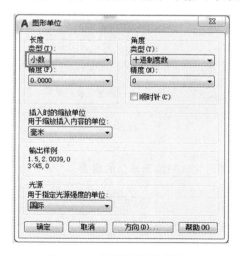

图 2-1-3 "图形单位"对话框

③在"精度"下拉列表框中设置精度为"0.00"，如图 2-1-4 所示。

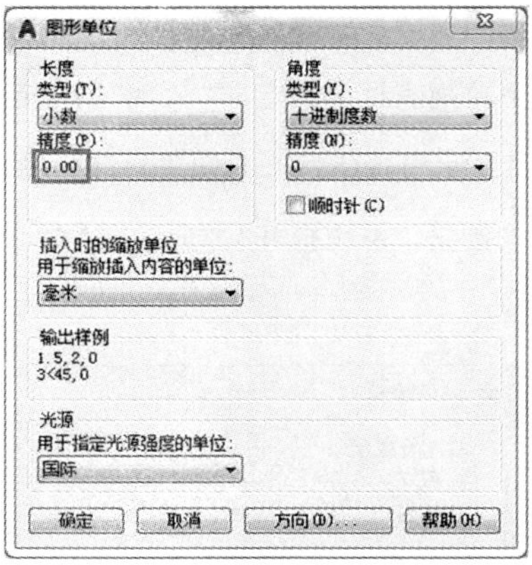

图 2-1-4 "图形单位"对话框

④按照相同的操作方法将"角度"的单位类型设置为"十进制度数"，将精度设置为"0"，如图 2-1-5 所示。

图 2-1-5 "图形单位"对话框

⑤单击"确定"按钮即可完成对绘图单位的设置。

专业对话

谈一谈你对设置图形单位的理解。

任务评价

考核标准见表 2-1-1。

表 2-1-1 考核标准

序号	检测内容	检测项目	分值	要求	学生自评得分	教师评价得分
1	掌握并设置图形单位	启动软件	10	操作正确无误		
2		对长度精度的设置	20			
3		对角度精度的设置	10			
4		对光源的设置	10			
5		对方向的设置	10			
6	知识运用	运用所学知识按要求完成操作	20	操作正确无误		
7	安全规范	使用正确的方法启动、关闭计算机	10	按照要求操作		
8		注意安全用电规范，防止触电	10			
				合计		

拓展活动

一、选择题

1. AutoCAD 软件中我们一般用（ ）单位来绘图以达到最佳的效果。

A. 米　　　　B. 厘米　　　　C. 毫米　　　　D. 分米

2. 在 AutoCAD 中单位设置的快捷键是（ ）。

A. UM　　　　B. UN　　　　C. Ctrl＋U　　　　D. Alt＋U

3. 在设置绘图单位时，系统提供的长度单位类型除了小数外，还有（ ）。（多选）

A. 分数　　　　B. 建筑　　　　C. 工程　　　　D. 科学

二、上机实践

设置长度单位格式为小数，精度为小数点后一位，角度单位格式为度/分/秒，精度为 00。

任务二　设置图形界限、 栅格与捕捉

➔ 任务目标

1. 会设置图形界限。

2. 会对栅格与捕捉进行设置。

➔ 任务描述

设置图形范围为 500 mm×500 mm，其中左下角点坐标为(0，0)。设置栅格距离为 10 mm，捕捉间距为 10 mm。

➔ 学习活动

一、 图形界限

图形界限就是绘图区域，也称为图限。现实中的图纸都有一定的规格尺寸，如 A4 纸的尺寸为 210 mm×297 mm，为了将绘制的图形方便地打印输出，在绘图前应设置好图形界限。在 AutoCAD 2019 中，可以在快速访问工具栏选择"显示菜单栏"命令，在弹出的菜单中选择"格式"｜"图形界限"[命令(LIMITS)]来设置图形界限。

在世界坐标系下，图形界限由一对二维点确定，即左下角点和右上角点。在发出 LIMITS 命令时，命令提示行将显示图 2-2-1 所示的提示信息。

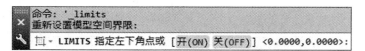

图 2-2-1　"图形界限"命令提示

输入左下角点和右上角点的坐标即可确定图形界限。

通过选择"开(ON)"或"关(OFF)"选项可以决定是否在图形界限之外指定一点。如果选择"开(ON)"选项，那么将打开图形界限检查，就不能在图形界限之外结束一个对象，也不能使用"移动"或"复制"命令将图形移到图形界限之外，但可以指定两个点(中心和圆周上的点)来画圆，圆的一部分可能在界限之外；如果选择"关(OFF)"选项，AutoCAD 禁止图形界限检查，可以在图限之外绘制对象或指定点。

二、 栅格与捕捉

栅格是点或线的矩阵，遍布在指定为栅格界限的整个区域。使用栅格类似于在图形下放置一张坐标纸。利用栅格不仅可以显示图纸界限，还可以对齐对象、直观显示对象之间的距离。另外，栅格不会被打印。

如果要查看设置的图纸范围，则需要打开栅格，将设置的图限在屏幕中显示出来。

捕捉功能用于设定鼠标光标移动的间距。

设置方法：单击状态栏中的栅格按钮 ▦，图标变亮为打开，图标变暗为关闭。

三、 设置捕捉和栅格参数

利用"草图设置"对话框中的"捕捉和栅格"选项卡，如图 2-2-2 所示，可以设置捕捉和栅格的相关参数，各选项的功能如下。

"启用捕捉"复选框：打开或关闭捕捉方式。选中该复选框，可以启用"捕捉"功能。

"捕捉间距"选项区域：设置捕捉间距、捕捉角度以及捕捉基点坐标。

"启用栅格"复选框：打开或关闭栅格的显示。选中该复选框，可以启用"栅格"功能。

"栅格间距"选项区域：设置栅格间距。如果栅格的 X 轴和 Y 轴间距值为 0，则栅格采用捕捉的 X 轴和 Y 轴间距的值。

"捕捉类型"选项区域：可以设置捕捉类型和样式，包括栅格捕捉和极轴捕捉两种。

"栅格捕捉"单选按钮：选中该单选按钮，可以设置捕捉样式为栅格。

"矩形捕捉"单选按钮：可将捕捉样式设置为标准矩形捕捉模式，光标可以捕捉一个矩形栅格。

"等轴测捕捉"单选按钮：可将捕捉样式设置为等轴测捕捉模式，光标将捕捉到一个等轴测栅格；在"捕捉间距"和"栅格间距"选项区域中可以设置相关参数。

"PolarSnap"单选按钮：选中该单选按钮，可以设置捕捉样式为极轴捕捉。此时，在启用了"极轴追踪"或"对象捕捉追踪"的情况下指定点，光标将沿极轴角或对象捕捉追踪角度进行捕捉，这些角度是相对最后指定的点或最后拾取的对象捕捉点计算的，并且在"极轴间距"选项区域中的"极轴距离"文本框中可设置极轴捕捉间距。

图 2-2-2 "草图设置"对话框

⊙ 实践活动

No.1 设置图形界限

①单击菜单栏中的"格式"┃"图形界限"，如图 2-2-3 所示。

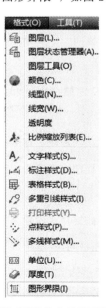

图 2-2-3 "格式"菜单中的"图形界限"命令

要打开对象捕捉模式，可在"草图设置"对话框的"对象捕捉"选项卡中，选中"启用对象捕捉"复选框，然后在"对象捕捉模式"选项区域中选中相应复选框，如图 2-3-3 所示。

在绘图的过程中，对象捕捉的使用频率非常高。为此，AutoCAD 提供了多种自动对象捕捉模式。自动对象捕捉就是当把光标放在一个对象上时，系统自动捕捉到对象上所有符合条件的几何特征点，并显示相应的标记。如果把光标放在捕捉点上多停留一会，系统还会显示捕捉的提示。这样，在选择点之前，就可以预览和确认捕捉点，如图 2-3-4 所示。

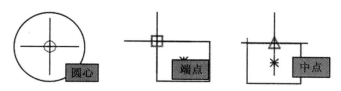

图 2-3-4 自动对象捕捉

单击状态栏中的"对象捕捉追踪"按钮 （图 2-3-5 圈示位置），图标变亮为打开，图标变暗为关闭。

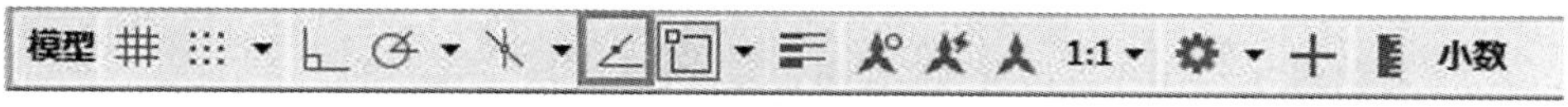

| 模型 ⊞ ⠿ ▾ ⌐ ⊝ ▾ ⨪ ▾ ∠ ▱ ▾ ≣ ⚡ ⚡ ⚡ 1:1 ▾ ⚙ ▾ ✛ ⫤ 小数 |

图 2-3-5 "对象捕捉追踪"按钮

二、 自动追踪

在 AutoCAD 中，使用"自动追踪"可按指定角度绘制对象，或者绘制与其他对象有特定关系的对象。自动追踪功能分极轴追踪和对象捕捉追踪两种，是非常有用的辅助绘图工具。

极轴追踪按设置的角度增量来追踪特征点。而对象捕捉追踪则按与对象的某种特定关系来追踪，这种特定的关系确定了一个未知角度。也就是说，如果预先可确定要追踪的方向（角度），则可使用极轴追踪；如果预先无法确定具体的追踪方向（角度），但知道与其他对象的某种关系（如相交），则用对象捕捉追踪。极轴追踪和对象捕捉追踪功能可以同时使用。

极轴追踪功能可以在系统要求指定一个点时，按预先设置的角度增量显示一条无限延伸的辅助线(这是一条虚线)，这时就可以沿辅助线追踪得到光标点。可在"草图设置"对话框的"极轴追踪"选项中对极轴追踪和对象捕捉追踪进行设置，如图 2-3-6 所示。

图 2-3-6 "极轴追踪"选项卡

"极轴追踪"选项卡中各选项的功能和含义如下。

"启用极轴追踪"复选框：打开或关闭极轴追踪，也可以使用自动捕捉系统变量或按 F10 键来打开或关闭极轴追踪。

"极轴角设置"选项区域：设置极轴角度。在"增量角"下拉列表框中可以选择系统预设的角度，如果该下拉列表框中的角度不能满足需要，可选中"附加角"复选框，然后单击"新建"按钮，在"附加角"列表中增加新角度。

"对象捕捉追踪设置"选项区域：设置对象捕捉追踪。选中"仅正交追踪"单选按钮，可在启用对象捕捉追踪功能时，只显示获取的对象捕捉点的正交(水平/垂直)对象捕捉追踪路径；选中"用所有极轴角设置追踪"单选按钮，可以将极轴追踪设置应用到对象捕捉追踪。使用对象捕捉追踪时，光标将从获取的对象捕捉点起沿极轴对齐角度进行追踪，也可以使用系统变量 POLARMODE 对对象捕捉追踪进行设置。

"极轴角测量"选项区域：设置极轴追踪对齐角度的测量基准。其中，选用"绝对"单选按钮，可以基于当前用户坐标系(UCS)确定极轴追踪角度；选中"相对上一段"单选按钮，可以基于最后绘制的线段确定极轴追踪角度。

使用"自动追踪"功能可以快速而精确地定位点，在很大程度上提高了绘图效率。在 AutoCAD 中，要设置自动追踪功能选项，可打开"选项"对话框，在"草图"选项卡的"自动追踪设置"选项区域中进行设置，其中各选项功能如下。

"显示极轴追踪矢量"复选框：设置是否显示极轴追踪的矢量数据。

"显示全屏追踪矢量"复选框：设置是否显示全屏追踪的矢量数据。

"显示自动追踪工具栏提示"复选框：设置在追踪特征点时是否显示工具栏上的相应按钮的提示文字。

三、 正交

使用正交功能可以方便地绘制水平线和竖直线。

单击状态栏中的对象捕捉追踪按钮，图标变亮为打开，图标变暗为关闭。

打开正交功能后，输入的第一个点是任意的，但当移动光标准备指定第二个点时，引出的橡皮筋线已不再是这两点之间的连线，而是起点到光标十字线的垂直线中较长的那段线，单击后橡皮筋线就变成所绘直线。

实践活动

No. 1　动态输入

①在状态栏中右击"动态输入"按钮，选择"设置"选项，如图 2-3-7 所示。

图 2-3-7　动态输入设置

②弹出"草图设置"对话框，选择"启用指针输入"，单击"设置"选项，如图 2-3-8 所示。

③在弹出的"指针输入设置"对话框中选择"极轴格式""相对坐标""命令需要一个点时"选项，单击"确定"按钮，如图 2-3-9 所示。

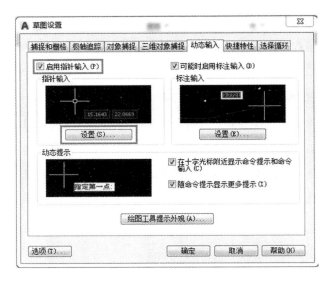

图 2-3-8 "动态输入"选项卡

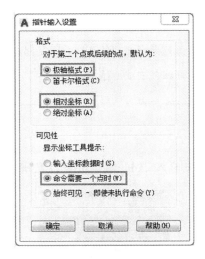

图 2-3-9 "指针输入设置"对话框

④在该设置下绘图,确定第二个点时动态输入方式显示的数值分别是相对第一个点的长度和绝对值角度,如图 2-3-10 所示。

⑤在"草图设置"对话框中选择"可能时启用标注输入",单击"设置"选项,如图 2-3-11所示。

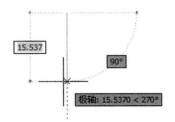

图 2-3-10 "动态输入"显示

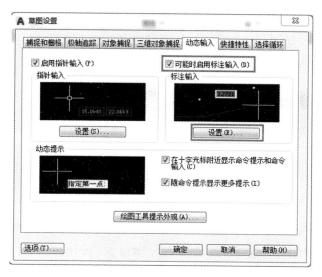

图 2-3-11　"动态输入"设置

⑥弹出"标注输入的设置"对话框，选择"每次显示 2 个标注输入字段"选项，单击"确定"按钮，如图 2-3-12 所示。

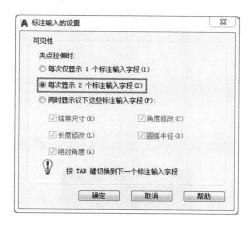

图 2-3-12　"标注输入的设置"对话框

⑦在该设置下绘图，确定第二个点时动态输入方式显示两个数值，如图 2-3-10 所示。

No.2　正交

⑧单击"直线"命令 ✏，命令行提示"指定第一点"，光标旁的动态输入显示出来，直接输入"100，200"，如图 2-3-13（a）所示。

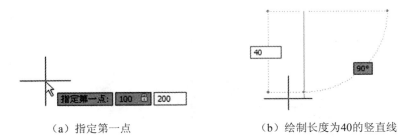

（a）指定第一点　　　　　　　（b）绘制长度为40的竖直线

图 **2-3-13**　使用正交绘制直线

⑨单击状态栏中的"正交"按钮 ▙ 开启正交，向下绘制垂线，输入"40"，如图 2-3-13(b)所示。

⑩向右拖动光标绘制水平线，输入"10"，如图 2-3-14 所示。

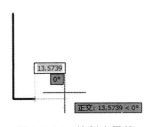

图 **2-3-14**　绘制水平线

⑪单击"正交"按钮 ▙ 关闭正交。

No. 3　极 轴

⑫在状态栏中右击"极轴"按钮 ⌀，选择"正在追踪设置"选项，如图 2-3-15 所示。

图 **2-3-15**　"正在追踪设置"选项

⑬弹出"草图设置"对话框，选中"启用极轴追踪"复选框，在"增量角"区域中根据题意设为"60"，"极轴角测量"设为"绝对"，单击"确认"按钮，如图 2-3-16 所示。

⑭移动光标，当位于 60°位置时出现一条射线，光标被自动吸附住。根据三角关系在动态输入框中输入线段长度"20"，如图 2-3-17(a)所示。按回车键，效果如图 2-3-17(b)所示。

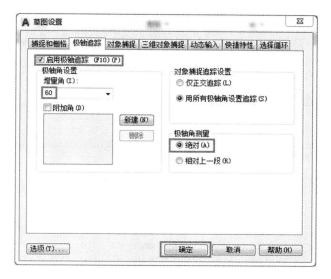

图 2-3-16 "极轴追踪"设置

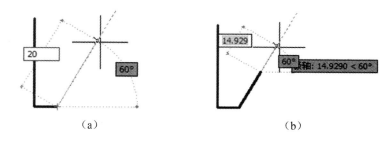

（a） （b）

图 2-3-17 使用极轴绘制斜线

⑮向右绘制水平线，输入长度"26"，如图 2-3-18 所示。

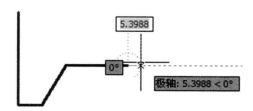

图 2-3-18 绘制水平线

No.4 对象捕捉及追踪

绘制垂线，此时没有尺寸，但垂线的另一端与底部水平线对齐，可启用对象捕捉及追踪功能辅助绘图。

⑯在 AutoCAD 2019 状态栏中右击"对象捕捉"

，选择"设置"选项，如图 2-3-19 所示。

⑰单击"设置"选项会出现"草图设置"对话框，选

图 2-3-19 "对象捕捉"设置

中"启用对象捕捉""启用对象捕捉追踪""全部选择"，

单击"确定"，如图 2-3-20 所示。

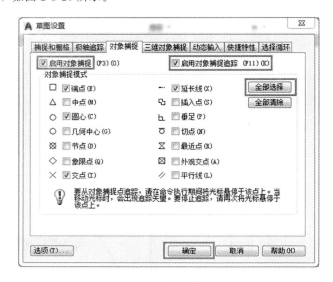

图 2-3-20 "对象捕捉"设置

⑱启动直线命令，单击水平线端点 A，移动光标捕捉底部水平线端点 B，如图 2-3-21(a)所示。

⑲向右拖动光标出现一条水平虚线，当与直线 A 点垂直时，虚线与垂线的交点 C 即直线的第二个点，如图 2-3-21(b)所示。

⑳单击交点 C，直线绘制完成。

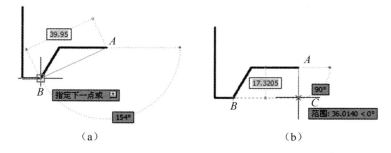

（a）   （b）

图 2-3-21 使用对象捕捉与追踪确定线段长度

No. 5 继续完成

㉑使用正交功能接着完成两条垂线，一条水平线，如图 2-3-22 所示。

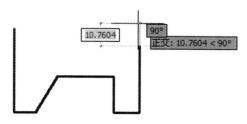

图 2-3-22 使用正交绘制水平线与垂线

㉒用动态输入绘制斜线，如图 2-3-23 所示。

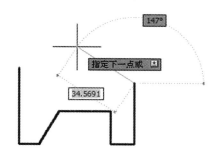

图 2-3-23 使用动态输入绘制斜线

㉓用对象捕捉与正交命令绘制水平线，分别如图 2-3-24 所示。

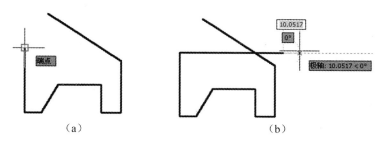

（a）　　　　　　　　　　　　　（b）

图 2-3-24 使用对象捕捉和正交绘制水平线

㉔修剪多余线段，绘制完成，如图 2-3-25 所示。

图 2-3-25 绘制完成

→ **专业对话**

谈一谈你对设置对象捕捉与自动追踪的看法和认识。绘制何种图形时适合使用该功能？

→ **任务评价**

考核标准见表2-3-1。

表 2-3-1　考核标准

序号	检测内容	检测项目	分值	要求	学生自评得分	教师评价得分
1	设置对象捕捉与自动追踪，正交与极轴，动态输入	对象捕捉的设置	15	操作正确无误		
2		对象追踪的操作	15			
3		正交的设置及使用的操作	10			
4		极轴的设置及使用的操作	10			
5		动态输入的设置及使用的操作	10			
6	知识运用	运用所学知识按要求完成操作	20	操作正确无误		
7	安全规范	使用正确的方法启动、关闭计算机	10	按照要求操作		
8		注意安全用电规范，防止触电	10			
				合计		

→ **拓展活动**

一、选择题

1. 移动圆对象，使其圆心移动到直线中点，需要应用（　　）。

A. 正交　　　　B. 捕捉　　　　C. 栅格　　　　D. 对象捕捉

2. AutoCAD中，用于打开/关闭"动态输入"的功能键是（　　）。

A. F9　　　　B. F8　　　　C. F11　　　　D. F12

3. 在执行"交点"捕捉模式时，可捕捉到（　　）。（多选）

A. 捕捉（三维实体）的边或角点

B. 可以捕捉面域的边

C. 可以捕捉曲线的边

D. 圆弧、圆、椭圆、椭圆弧、直线、多线、多段线、射线、样条曲线或构造线等对象之间的交点。

4. 使用圆心捕捉类型可以捕捉到以下哪几种图形的圆心位置？（　　　）

A. 圆 　　　　　　 B. 圆弧 　　　　　 C. 椭圆 　　　　　 D. 椭圆弧

二、上机实践

用直线、对象捕捉、对象追踪、正交、极轴和动态输入等命令绘制图 2-3-26，不需标注。

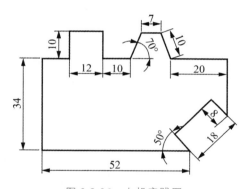

图 2-3-26　上机实践图

任务四　选择对象

➔ 任务目标

1. 理解选择对象的相关概念。

2. 会对对象进行基本、矩形、快速和全部等选择的操作。

3. 会删除对象。

➔ 任务描述

分别删除图 2-4-1 中的圆形和全部图形。

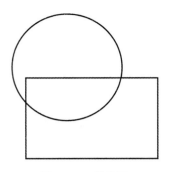

图 2-4-1　任务图

→ **学习活动**

　　在编辑图形之前，首先需要选择要编辑的对象。AutoCAD 用虚线亮显所选的对象，所选中的对象就构成选择集。选择集可以包含单个对象，也可以包含复杂的对象编组。在 AutoCAD 中，单击"菜单浏览器"按钮，在弹出的菜单中单击"选项"按钮，在打开的"选项"对话框的"选择集"选项卡中，可以设置选择集模式、拾取框的大小及夹点功能。

一、 选择对象的方法

　　在 AutoCAD 中，选择对象的方法很多。例如，可以通过单击逐个拾取对象，也可利用矩形窗口或交叉窗口选择；可以选择最近创建的对象、前面的选择集或图形中的所有对象，也可以向选择集中添加对象或从中删除对象。

　　在命令行输入 SELECT 命令，按回车键，并且在命令行的"选择对象"提示下输入"?"，将显示如下提示信息，如图 2-4-2 所示。

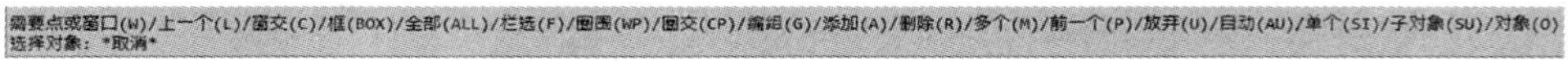

需要点或窗口(W)/上一个(L)/窗交(C)/框(BOX)/全部(ALL)/栏选(F)/圈围(WP)/圈交(CP)/编组(G)/添加(A)/删除(R)/多个(M)/前一个(P)/放弃(U)/自动(AU)/单个(SI)/子对象(SU)/对象(O)
选择对象: *取消*

图 2-4-2　SELECT 命令提示

　　主要命令选项功能如下。

　　①默认情况下，可以直接选择对象，此时光标变为一个小方框(即拾取框)，利用该方框可逐个拾取所需对象。该方法每次只能选取一个对象，不便于选取大量对象。

　　②"窗口(W)"选项：可以通过绘制一个矩形区域来选择对象。当指定了矩形窗口的两个对角点时，所有部分均位于这个矩形窗口内的对象将被选中，不在该窗口内或

只有部分在该窗口内的对象则不被选中，如图 2-4-3 所示。

③"窗交（C）"选项：使用交叉窗口选择对象，与用窗口选择对象的方法类似，但全部位于窗口之内或与窗口边界相交的对象都将被选中。在定义交叉窗口的矩形窗口时，以虚线方式显示矩形，以区别于窗口选择方式，如图 2-4-4 所示。

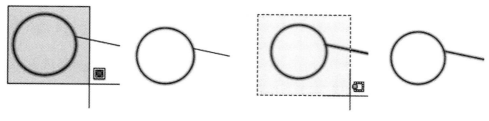

图 2-4-3　窗口方式选择对象　　　　　　图 2-4-4　窗交方式选择对象

④"编组（G）"选项：使用组名称来选择一个已定义的对象编组。

二、过滤选择

在命令行提示下输入 FILTER 命令，将打开"对象选择过滤器"对话框，可以以对象的类型（如直线、圆及圆弧等），图层，颜色，线型或线宽等特性作为条件，过滤选择符合设定条件的对象，如图 2-4-5 所示。此时必须考虑图形中对象的这些特性是否设置为随层。

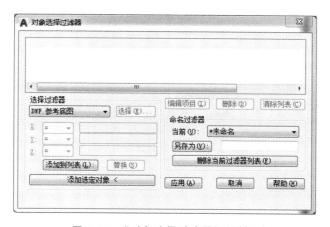

图 2-4-5　"对象选择过滤器"对话框

"对象选择过滤器"对话框上面的列表框中显示了当前设置的过滤条件。其他各选项的功能如下。

"选择过滤器"选项区域：用来设置选择的条件。

"编辑项目"按钮：单击该按钮，可编辑过滤器列表框中选中的项目。

"删除"按钮：单击该按钮，可删除过滤器列表框中选中的项目。

"清除列表"按钮：单击该按钮，可删除过滤器列表框中的所有项目。

"命名过滤器"选项区域：用来选择已命名的过滤器。

三、 快速选择

在 AutoCAD 中，当需要选择具有某些共同特性的对象时，可利用"快速选择"对话框，根据对象的图层、线型、颜色、图案填充等特性和类型，方便快捷地创建选择集。在快速访问工具栏选择"显示菜单栏"命令，在弹出的菜单中选择"工具"｜"快速选择"命令，在"实用工具"面板中单击"快速选择"按钮，都可打开快速选择对话框，如图 2-4-6 所示。

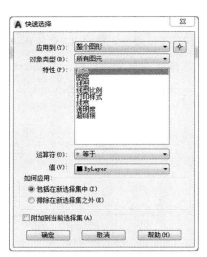

图 2-4-6 "快速选择"对话框

该对话框中各选项的功能如下。

"应用到"下拉列表框：选择过滤条件的应用范围，可以应用于整个图形，也可以应用到当前选择集。如果有当前选择集，则"当前选择"选项为默认选项；如果没有当前选择集，则"整个图形"选项为默认选项。

"选择对象"按钮：单击该按钮将切换到绘图窗口中，可以根据当前所指定的过滤条件来选择对象。选择完毕后，按回车键结束选择，并回到"快速选择"对话框中，同时 AutoCAD 默认将"应用到"下拉列表框中的选项设置为"当前选择"。

"对象类型"下拉列表框：指定要过滤的对象类型。

"特性"列表框：指定作为过滤条件的对象特性。

"运算符"下拉列表框，控制过滤的范围。运算符包括＝、＜＞、＞、＜、全部选择等。其中＞和＜运算符对某些对象特性是不可用的。

"值"下拉列表框：设置过滤的特性值。

"如何应用"选项区域：选中"包括在新选择集中"单选按钮，则由满足过滤条件的对象构成选择集；选中"排除在新选择集之外"单选按钮，则由不满足过滤条件的对象构成选择集。

"附加到当前选择集"复选框：选中该复选框，将指定由 QSELECT 命令所创建的选择集追加到当前选择集中；取消选中，则替代当前选择集。

→ 实践活动

①光标直接单击圆形，圆形会变成虚线，如图 2-4-7 所示。

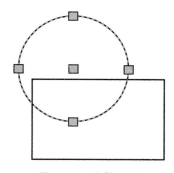

图 2-4-7　选择圆形

②单击"删除"按钮 ，或执行"修改"|"删除"命令，或在命令行中输入 E，或按 Delete 键，圆形将被删除，如图 2-4-8 所示。

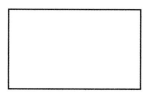

图 2-4-8　删除圆形

③单击"放弃"按钮 ⬅，图形恢复到原来的样式，如图2-4-1所示。

④按下拾取键从右下方向左上方拖动鼠标，使其覆盖所有图形，如图2-4-9(a)所示。单击，图形即被全部选中，如图2-4-9(b)所示。

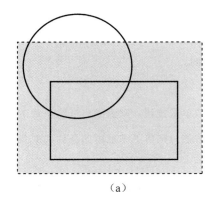

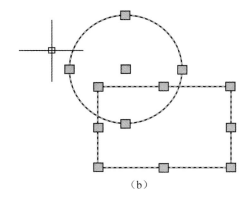

（a） （b）

图 2-4-9 窗交方式选择对象

⑤单击"删除"按钮 ✏️，或执行"修改"|"删除"命令，或在命令行中输入 E，或按 Delete 键，图形将被删除。

⊙ 专业对话

你是否会用多种方法选择对象?

⊙ 任务评价

考核标准见表 2-4-1。

表 2-4-1 考核标准

序号	检测内容	检测项目	分值	要求	学生自评得分	教师评价得分
1	对象选择	启动软件	5	操作正确无误		
2		直接选择对象	15			
3		窗口选择对象	15			
4		窗交选择对象	15			
5		编组选择对象	10			
6	知识运用	运用所学知识按要求完成操作	20	操作正确无误		

续表

序号	检测内容	检测项目	分值	要求	学生自评得分	教师评价得分
7	安全规范	使用正确的方法启动、关闭计算机	10	按照要求操作		
8		注意安全用电规范，防止触电	10			
				合计		

拓展活动

一、选择题

1. 下列对象选择方式中，哪种方式可以快速全选绘图区中的所有对象？（　　）

A. ESC

B. BOX

C. ALL

D. ZOOM

2. 在 AutoCAD 中，使用交叉窗口选择对象时，所产生的选择集（　　）。

A. 仅为窗口内部的实体

B. 仅为与窗口相交的实体（不包括窗口内部的实体）

C. 与窗口四边相交的实体加上窗口内部的实体

D. 以上都不对

二、上机实践

打开素材文件（如图 2-4-10 所示），将图中除圆形之外的所有图线删除。

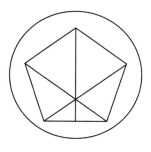

图 2-4-10　上机实践图

任务五　控制图形显示

➔ 任务目标

1. 掌握缩放视图的操作方法。

2. 掌握实时平移视图的操作方法。

3. 掌握通过鼠标滚轮观察图形的方法。

➔ 任务描述

打开素材文件（如图 2-5-1 所示），分别运用缩放、平移等命令观察图 2-5-1 所示图形。

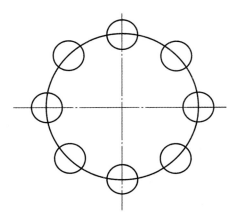

图 2-5-1　任务图

➔ 学习活动

在 AutoCAD 中绘制工程图样时，由于计算机显示器的屏幕空间所限，因此为了看清图形需要使用图形观察命令对图形进行缩放或移动，需要自由地控制视图的显示比例。例如，需要对图形进行细微观察时，可适当放大视图比例以显示图形中的细节部分；需要观察全部图形时，可缩小视图。在绘制较大的图形时，还可随意移动视图的位置，以显示所要查看的部位。

一、缩放视图

在功能区"视图"选项卡单击"导航栏"，在显示的导航栏中选择"范围缩放"按钮

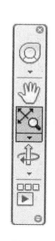，单击按钮下的小黑三角图标，弹出"缩放"选项，如图 2-5-2 所示，或直接在命令行输入 ZOOM，即调用缩放命令。

缩放命令各选项含义如下。

①范围缩放：执行该选项，AutoCAD 使已绘出的图形充满绘图窗口，与图形的图形界限无关。

②窗口缩放：通过矩形窗口实现图形的缩放。确定窗口后，该窗口的中心变为新的显示中心，窗口内的区域将被放大或缩小，使图形尽量充满显示屏幕。

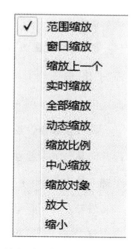

图 2-5-2　导航栏中"缩放"选项

③缩放上一个：缩放显示上一个视图。最多可恢复此前的 10 个视图。

④实时缩放：执行该选项，光标变为放大镜状，按住左键向上拖动鼠标即可放大图形；向下拖动鼠标则可缩小图形；按 Esc 键或回车键，则结束命令。

⑤全部缩放：显示当前视口中的整个图形。

⑥动态缩放：显示视图框中的部分图形。

⑦缩放比例：以屏幕中心为基准，按比例缩放。如果输入的比例因子为具体的数值，图形将相对于图形的实际尺寸缩放；如果在输入的比例因子后面加后缀 X，则相对于当前所显示图形的大小进行缩放；如果在比例因子后面加后缀 XP，则图形相对于图纸空间进行缩放。

⑧中心缩放：重新设置图形的显示中心位置和缩放倍数。执行该选项 AutoCAD 将图形中新指定的中心位置显示在绘图窗口的中心位置，并对图形进行相应的放大或缩小操作。

⑨缩放对象：执行该选项，AutoCAD 将尽可能大地显示一个或多个选定的对象并使其位于绘图区域的中心。

⑩放大：图形以 2 倍的比例放大。

⑪缩小：图形以 50％的比例缩小。

二、 图形实时平移

图形的实时平移指移动整个图形，类似于移动整张图纸，以便将图纸的特定部分显示在绘图窗口中。执行平移命令后，图形相对于图纸的实际位置不变。

在功能区"视图"选项卡单击"导航栏"，在显示的导航栏中选择"平移"按钮，如图 2-5-3 所示，或直接在命令行输入 PAN，即调用平移命令。

执行该命令，绘图区域出现一个小手形状的光标，此时按左键并向某一方向拖动鼠标，图形将向该方向移动；按 Esc 键或回车键，结束命令。

另外，AutoCAD 还提供了用于平移操作的菜单命令，这些命令位于"视图"菜单"平移"子菜单中，如图 2-5-4 所示。在该菜单中，"实时"选项用于实现实时平移；"点"选项用于根据指定的两点实现平移；"左""右""上"及"下"选项可分别使图形向左、右、上、下移动。

图 2-5-3　导航栏中"平移"按钮

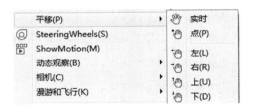

图 2-5-4　"平移"子菜单

三、 通过鼠标滚轮观察图形

滚轮可以通过转动或按下，对图形进行缩放和平移。

①转动滚轮：放大或缩小图形。

②双击滚轮：缩放到图形范围。

③按住滚轮并拖动鼠标：平移图形。

④按住滚轮和 Ctrl 键并拖动鼠标：平移图形窗口。

⑤按住 Shift 和 Ctrl 键并单击滚轮：动态观察图形。

实践活动

No. 1　实时缩放

①在"视图"下拉菜单中选择"缩放"｜"实时"，如图 2-5-5 所示。

图 2-5-5 "视图"菜单

②光标变成放大镜样式，按住并向上拖动光标，图形被放大，如图 2-5-6 所示。

③按住并向下拖动光标，图形被缩小，如图 2-5-7 所示。

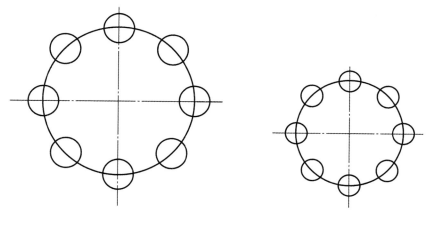

图 2-5-6 实时放大   图 2-5-7 实时缩小

No.2 窗口缩放

①在"视图"下拉菜单中选择"缩放"|"窗口"，按下鼠标左键拖动光标，使其覆盖所要放大的图形，如图 2-5-8（a）所示。

②放大后效果，如图 2-5-8（b）所示。

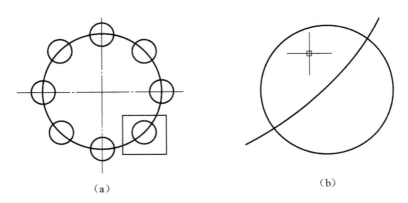

（a） （b）

图 2-5-8 窗口缩放

No. 3 平移

在功能区"视图"选项卡单击"导航栏"，在显示的导航栏中选择"平移"按钮，或直接在命令行输入 PAN，光标变成一只小手，按住鼠标左键移动，当前视口中的图形就会随光标移动，或按住鼠标滚轮，直接平移。

No. 4 定点平移

①选择"视图"下拉菜单"平移"｜"点"命令，根据命令行提示"指定基点"单击圆心，如图 2-5-9 所示。

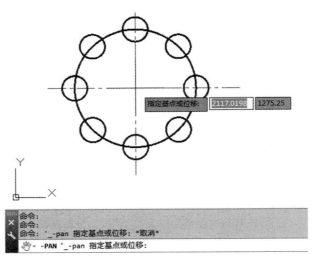

图 2-5-9 定点平移"指定基点"

②根据命令行提示"指定第二点"，移动光标单击第二点位置，定点移动完成，如图 2-5-10 所示。

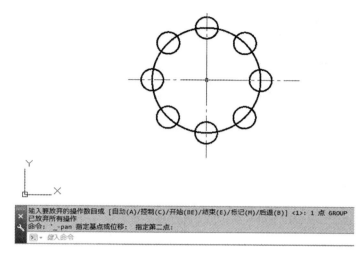

图 2-5-10 完成定点平移

→ **专业对话**

操作 AutoCAD 的过程中，鼠标是个非常重要的工具，总结一下鼠标都有哪些用法吧！

→ **任务评价**

考核标准见表 2-5-1。

表 2-5-1 考核标准

序号	检测内容	检测项目	分值	要求	学生自评得分	教师评价得分
1	图形观察方法	使用缩放命令进行视图缩放	20	操作正确无误		
2		使用平移命令进行实时平移	20			
3		使用鼠标滚轮观察图形	20			
4	知识运用	运用所学知识按要求完成操作	20	操作正确无误		

续表

序号	检测内容	检测项目	分值	要求	学生自评得分	教师评价得分
5	安全规范	使用正确的方法启动、关闭计算机	10	按照要求操作		
6		注意安全用电规范,防止触电	10			
				合计		

➔ 拓展活动

一、选择题

1. 在 AutoCAD 中以下哪个操作用于移动视图?(　　)

A. ZOOM/W　　　　B. PAN　　　　C. ZOOM　　　　D. ZOOM/A

2. 以当前图形的最大尺寸范围进行缩放,在绘图窗口中显示图形,应使用(　　)命令。

A. 实时缩放　　　B. 向后查看　　　C. 范围缩放　　　D. 全部缩放

3. 下面哪个选项能将图形进行动态放大?(　　)

A. ZOOM/(D)　　B. ZOOM/(W)　　C. ZOOM/(E)　　D. ZOOM/(A)

4. 在命令行中输入"ZOOM",执行"缩放"命令。在命令行"指定窗口角点,输入比例因子(nX 或 nXP)或[全部(A)/ 中心点(C)/动态(D)/范围(E)/上一个(P)/比例(S)/窗口(W)]<实时>:"提示下,输入(　　),该图形相对于当前视图缩小一半。

A. −0.5nXP　　　B. 0.5X　　　　C. 2nXP　　　　D. 2X

5. "缩放"(ZOOM)命令在执行过程中改变了(　　)。

A. 图形的界限范围大小　　　　　　B. 图形的绝对坐标

C. 图形在视图中的位置　　　　　　D. 图形在视图中显示的大小

6. 要快速显示整个图限范围内的所有图形,可使用(　　)命令。

A. 视图│缩放│窗口　　　　　　　B. 视图│缩放│动态

C. 视图│缩放│范围　　　　　　　D. 视图│缩放│全部

二、上机实践

绘制图 2-5-11 所示图形,分别运用缩放、平移视图等命令进行观察,不需标注。

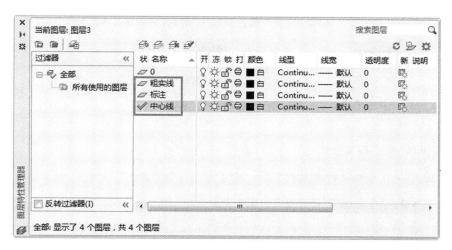

图 2-6-5　修改图层 2、图层 3 的名称为"标注""中心线"

No.3　设置图层颜色

因表 2-6-1 中要求的"粗实线"层的颜色为系统默认色，故无须设置。下面具体介绍"中心线"层设置颜色的操作方法。

⑤单击"颜色"栏对应的文字"白"，会弹出"选择颜色"对话框，如图 2-6-6 所示，选择红色方块然后单击"确定"按钮，"中心线"层的颜色会变为红色，如图 2-6-7 所示。

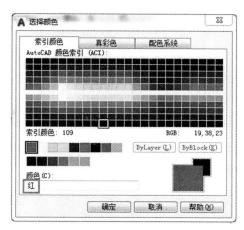

图 2-6-6　"选择颜色"对话框

图 2-6-7　设置"中心线"层颜色

⑥重复以上步骤，将"标注"层的颜色设置为"青色"，如图 2-6-8 所示。

图 2-6-8 设置"标注"层颜色

No.4 设置图层线型

因表 2-6-1 中要求的"粗实线"层和"标注"层的线型为系统默认线型，故无须设置。下面具体介绍"中心线"层设置线型的操作方法。

⑦单击"中心线"层"线型"栏对应的文字 Contin...，弹出"选择线型"对话框，如图 2-6-9 所示，单击"加载"，弹出"加载或重载线型"对话框，选择"CENTER"线型，单击"确定"按钮，如图 2-6-10 所示。

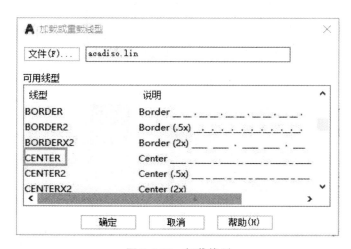

图 2-6-9 "选择线型"对话框

图 2-6-10 加载线型

⑧在弹出的"选择线型"对话框中单击"CENTER"后"确定"，如图 2-6-11 所示，中心线层的线型变为"CENTER"，如图 2-6-12 所示。

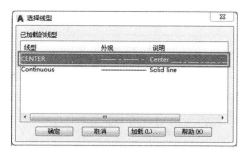

图 2-6-11　选择中心线线型

图 2-6-12　设置图层线型

No.5　设置图层线宽

⑨单击"粗实线"层"线宽"栏对应的文字 —— **默认**，弹出"线宽"对话框，选择"0.50 mm"，单击"确定"，线宽即变为 0.50 mm，如图 2-6-13 所示。

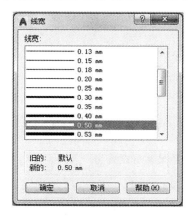

图 2-6-13　设置"粗实线"层线宽

⑩重复以上步骤，将"标注"层及"中心线"层的线宽设置为 0.25 mm，如图 2-6-14 所示。

图 2-6-14　设置各图层线宽

➡ **专业对话**

谈一谈你对设置图层的理解。针对线型复杂的图，你会合理设置图层吗？

➡ **任务评价**

考核标准见表2-6-2。

表 2-6-2　考核标准

序号	检测内容	检测项目	分值	要求	学生自评得分	教师评价得分
1	设置图层	新建和删除图层	15	操作正确无误		
2		图层的重命名	15			
3		设置图层的颜色	10			
4		设置图层的线型、线宽	10			
5		图层控制	10			
6	知识运用	运用所学知识按要求完成操作	20	操作正确无误		
7	安全规范	使用正确的方法启动、关闭计算机	10	按照要求操作		
8		注意安全用电规范，防止触电	10			
				合计		

➡ **拓展活动**

一、选择题

1. AutoCAD 中的图层数最多可设置为（　　）。

A. 10 层　　　　B. 没有限制　　　　C. 5 层　　　　D. 256 层

2. 在 AutoCAD 中以下有关图层锁定的描述，错误的是（　　）。

A. 在锁定图层上的对象仍然可见　　　B. 在锁定图层上的对象不能被打印

C. 在锁定图层上的对象不能被编辑　　D. 锁定图层可以防止对图形的意外修改

3. 在 AutoCAD 中要始终保持物体的颜色与图层的颜色一致，物体的颜色应设置为（　　）。

A. 按图层　　　　B. 图层锁定　　　　C. 按颜色　　　　D. 按红色

4. 下面哪个层的名称不能被修改或删除？（　　）

A. 未命名的层　　　B. 标准层　　　　　C. 0层　　　　　　　D. 缺省的层

5. 不能删除的图层是（　　）。

A. 0图层　　　　　B. 当前图层　　　　C. 含有实体的层　　D. 外部引用依赖层

二、上机实践

1. 新建图层，名称为"虚线"，线型"ACAD_ISO02W100"，颜色为"蓝色"，线宽为"0.15 mm"。

2. 新建图层，名称为"轮廓线"，颜色为"红色"，线型为"BATTING"，线宽为"0.7 mm"。

➔ 课外拓展

使用CAD绘制机械图样，依然需要遵守机械制图的国家标准。图形由图线构成，而制图国家标准中对线型的使用有着严格的要求，正确设置和使用图层能够帮助我们实现规范作图。工匠精神的核心是敬业、创新、专注和精益，是职业能力和道德品格的集中体现。工匠精神需要从业者不仅具有精湛的技艺，还要有严谨和细致的工作态度，具有对职业的认同感和责任感，规范地绘制机械图样的过程，就是追求细致严谨和精益求精的工匠精神的过程。青年强，则国家强。当代中国青年生逢其时，施展才干的舞台无比广阔，实现梦想的前景无比光明。广大青年要坚定不移听党话、跟党走，怀抱梦想又脚踏实地，敢想敢为又善作善成，立志做有理想、敢担当、能吃苦、肯奋斗的新时代好青年，让青春在全面建设社会主义现代化国家的火热实践中绽放绚丽之花。

任务七　调整线型比例

➔ 任务目标

会运用线型比例命令改变线型的比例。

➔ 任务描述

将中心线的比例由1调整为2，如图2-7-1所示。

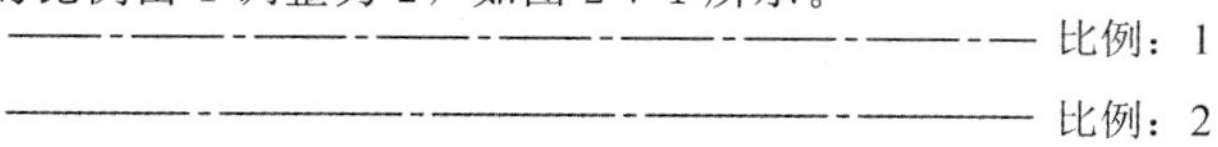

———— · ———— · ———— · ———— · ———— · ——— 比例：1

———————— · ——————— · ——————— · ——— 比例：2

图 2-7-1　任务图

→ **学习活动**

　　线型是指图形基本元素中线条的组成和显示方式，如虚线和实线等。在 AutoCAD 中既有简单线型，也有一些由特殊符号组成的复杂线型，以满足不同国家或行业的使用要求。当图形线段因太短或太长而无法正常显示时，需进行比例调整。

　　在快速访问工具栏选择"显示菜单栏"命令，在弹出的菜单中选择"格式"｜"线型"命令，打开"线型管理器"对话程，如图 2-7-2 所示。

图 2-7-2　"线型管理器"对话框

　　"线型管理器"对话框显示了当前使用的线型和其他可选择的线型。当在线型列表中选择了某一线型后，单击"显示细节"按钮，可以在"详细信息"选项区域中设置线型的"全局比例因子"和"当前对象缩放比例"。其中，"全局比例因子"选项用于设置图形中所有线型的比例，"当前对象缩放比例"选项用于设置当前选中线型的比例，如图 2-7-3 所示。

图 2-7-3　"全局比例因子"与"当前对象缩放比例"

→ **实践活动**

①选中中心线，然后单击"修改"｜"特性"，弹出"特性"对话框，如图 2-7-4 所示。

②单击"线型比例"文本框，将"1"改为"2"，效果如图 2-7-5 所示。

图 2-7-4　"修改"菜单　　　　　　　　图 2-7-5　修改线型比例

→ **专业对话**

谈一谈你对学习线型比例的看法和认识。在何种情况下需要调整线型比例？

→ **任务评价**

考核标准见表 2-7-1。

表 2-7-1　考核标准

序号	检测内容	检测项目	分值	要求	学生自评得分	教师评价得分
1	调整线型比例	启动软件	15	操作正确无误		
2		正确打开线型管理器对话框	15			
3		调整线型比例	15			
4		切换工作空间	15			
5	知识运用	运用所学知识按要求完成操作	20	操作正确无误		
6	安全规范	使用正确的方法启动、关闭计算机	10	按照要求操作		
7		注意安全用电规范，防止触电	10			
				合计		

➡ **拓展活动**

上机实践

将图 2-7-6 中虚线线型比例调整为 0.2，中心线线型比例调整为 0.1。

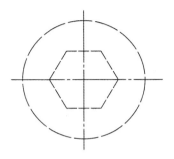

图 2-7-6　上机实践图

任务八　对象特性

➡ **任务目标**

1. 理解对象特性的作用。

2. 会运用对象特性对对象进行颜色、线宽、线型、图层、文字样式和标注样式等的修改。

3. 会特性匹配。

➡ **任务描述**

通过修改对象特性，将图 2-8-1 中(a)图改成(b)图。其中粗实线的线宽改为 0，点画线的线型比例改为 0.1。

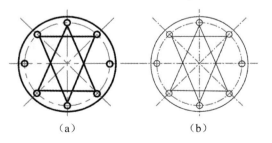

（a）　　　　　　　　（b）

图 2-8-1　任务图

→ **学习活动**

一、对象特性

对象特性是指某一对象所附加的，如颜色、线宽、线型、图层、文字样式和标注样式等的特性。

在"默认"选项卡的"特性"选项组中显示了当前的颜色、线宽和线型 3 种对象特性，

图 2-8-2　"特性"选项组

如图 2-8-2 所示。系统初始设置均为"ByLayer"，含义是"随层"，也就是说对象的颜色、线宽、线型特性与当前层的设置相同。

单击每个特性的列表可以看到除了对应的特性值外，每个列表中还都包含了一个"ByBlock"，含义是"随块"，这个设置是指所绘制的对象的相关特性使用它所在的图块的特性，且可以随图块特性的改变而改变。

二、对象特性选项板

使用对象特性选项板可以方便有效地对图形对象的特性进行管理和编辑。"特性"按钮在"选项板"选项组中的位置如图 2-8-3 所示。特性对话框如图 2-8-4 所示。

图 2-8-3　"特性"按钮　　　　图 2-8-4　"特性"对话框

三、 特性匹配

特性匹配可以将目标对象的属性与源对象的属性进行匹配，使目标对象的属性与源对象属性相同。特性匹配可以方便快捷地修改对象属性。

→ **实践活动**

No.1 绘制图形

①分别新建中心线层和粗实线层，并绘制图形。

No.2 修改对象属性

②选择图中所有粗实线，右击，选择"特性"，如图 2-8-5 所示。

图 2-8-5 调用"特性"命令

③出现对象特性对话框，将线宽改为 0，按回车键，如图 2-8-6 所示。

图 2-8-6 修改粗实线线宽

④使用相同的方法选择图中的所有中心线，线型比例改为 0.1，特性修改完成，如图 2-8-7 所示。

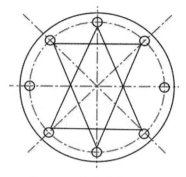

图 2-8-7　修改中心线线宽

→ **专业对话**

谈一谈你对对象特性的看法和认识。在什么情况下适合运用对象特性修改对象？

→ **任务评价**

考核标准见表 2-8-1。

表 2-8-1　考核标准

序号	检测内容	检测项目	分值	要求	学生自评得分	教师评价得分
1	修改对象特性	对象的颜色设置	15	操作正确无误		
2		对象的线宽设置	15			
3		对象的线型设置	10			
4		对象的线型比例设置	10			
5		对象的文字样式和标注样式设置	10			
6	知识运用	运用所学知识按要求完成操作	20	操作正确无误		
7	安全规范	使用正确的方法启动、关闭计算机	10	按照要求操作		
8		注意安全用电规范，防止触电	10			
				合计		

➔ 拓展活动

一、选择题

1. 下列命令中将选定对象的特性应用到其他对象的是（　　）。

A. "夹点"编辑　　　　　　　　　　B. AutoCAD 设计中心

C. 特性　　　　　　　　　　　　　D. 特性匹配

2. 当绘制的点画线在图中显示为直线时，应调整（　　）。

A. 线型比例　　　　B. 线宽　　　　C. 颜色　　　　D. 线型

3. 执行特性匹配命令可将（　　）所有目标对象的颜色修改成源对象的颜色。（多选）

A. OLE 对象　　　B. 长方体对象　　　C. 圆对象　　　D. 直线对象

二、上机实践

将图 2-8-8 中的中心线线型比例改为 0.5，颜色改为蓝色，粗实线改为细实线。

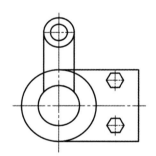

图 2-8-8　上机实践图

项目三

绘制基本二维图形

➔ 项目导航

　　AutoCAD 2019 提供了丰富的绘图命令，利用这些命令可以绘制出各种基本的二维图形对象。本项目主要介绍如何用直线、多线、样条曲线、构造线、圆、圆弧、多段线、矩形、正多边形、圆环、椭圆、点、图案填充等基本绘图命令创建图形。

➔ 学习要点

　　1. 理解直线、多线、样条曲线、构造线、圆、圆弧、多段线、矩形、正多边形、圆环、椭圆、点和图案填充等命令的相关概念。

　　2. 会熟练运用直线、多线和样条曲线命令绘制图形。

　　3. 会运用构造线命令辅助作图。

　　4. 会熟练运用圆、圆弧命令绘制图形。

　　5. 会运用多段线绘制图形。

　　6. 会熟练运用矩形与正多边形命令绘制图形。

　　7. 会熟练运用圆环和椭圆命令绘制图形。

　　8. 会熟练运用点的定数等分。

　　9. 会熟练运用点的定距等分。

　　10. 会熟练运用图案填充命令。

任务一　　直线

任务目标

掌握绘制直线的三种基本方法。

任务描述

运用直线命令绘制图 3-1-1，不需标注。

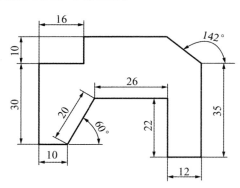

图 3-1-1　任务图

学习活动

一、 确定点的位置

绘图过程中，当 AutoCAD 提示用户指定点的位置时，通常用以下方式确定点。

1. 用鼠标在屏幕上拾取点

移动鼠标，使光标移动到相应的位置（AutoCAD 一般会在状态栏中动态显示光标的当前坐标），单击拾取键（一般为鼠标左键）。

2. 利用对象捕捉方式捕捉特殊点

利用 AutoCAD 提供的对象捕捉功能，可以准确地捕捉到一些特殊点，如圆心、切点、中点及垂足点等。

3. 通过键盘输入点的坐标

用户可以直接通过键盘输入点的坐标，输入时既可以采用绝对坐标，也可以采用相对坐标，而在每种坐标方式中，又有直角坐标、极坐标之分。下面将详细介绍各类坐标的含义。

二、 绝对坐标

点的绝对坐标是指相对于当前坐标系的坐标原点的坐标，有直角坐标和极坐标两种形式。

1. 直角坐标

直角坐标用点的 X、Y、Z 坐标值表示该点，且各坐标值之间用逗号隔开。例如，要指定一个点，其 X 坐标值为 100，Y 坐标值为 200，Z 坐标值为 300，则应在指定点的提示后输入"100，200，300"（不输入双引号）。

当绘制二维图形时，由于点的 Z 坐标值为 0，因此用户不需要指定或输入 Z 轴坐标值。

2. 极坐标

极坐标用于表示二维点，其表示方法为：距离＜角度。其中，距离表示该点与坐标系原点之间的距离；角度表示坐标系原点与该点的连线同 X 轴正方向的夹角。例如，某二维点距坐标系原点的距离为 100 mm，坐标系原点与该点的连线相对于 X 轴正方向的夹角为 60°，则该点的极坐标表示为 100＜60。

三、 相对坐标

相对坐标指相对于前一坐标点的坐标。相对坐标也有直角坐标和极坐标形式，其输入格式与绝对坐标相同，但需要在输入的坐标前加前缀"@"。例如，已知前一点的直角坐标为（100，200），如果在指定点的提示后输入"@100，－50"（不输入双引号），则表示新确定的点的绝对坐标为（200，150）。

四、 绘制直线

命令：LINE。绘制直线是绘图中最常用的命令，确定两端点坐标可以绘制一条直线，根据线段长度可以绘制直线，根据线段长度和角度也可以绘制直线。下面将介绍这三种绘制方法。

1. 指定两坐标点绘制直线

在菜单栏中选择"绘图"｜"直线"╱命令，或在状态栏中输入命令名称 LINE 或

L。指定第一个点的二维坐标，然后指定第二个点的坐标，按回车键，直线段即绘制完成。

2. 指定长度的水平线或竖直线

打开正交模式，单击"直线"命令，输入第一个点的坐标，输入线段长度，按回车键，就可绘制出水平或竖直的直线段。

3. 指定线段长度和角度绘制直线

单击"直线"命令，输入第一个点的坐标，接着在命令行输入"@200＜60"（这里假设所画线段长 200 mm，倾斜角度为 60°），输入后按回车键两次，完成绘制。

→ 实践活动

No. 1　新建图层

①新建粗实线层。方法同前，不再赘述。

No. 2　绘制图形

②单击菜单栏中的"绘图"｜"直线"╱，命令行中提示指定第一个点，在命令行中输入"100，100"，如图 3-1-2 所示。

③开启"正交"模式，向下拖动鼠标。命令行中提示指定下一点，在命令行中输入"30"，按回车键，如图 3-1-3 所示。

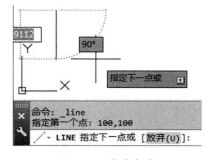

图 3-1-2　指定起点

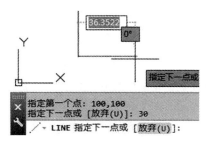

图 3-1-3　使用正交绘制直线

④关闭"正交"模式，命令行中提示指定下一点，运用相对坐标"@长度＜角度"，在命令行中输入"@20＜60"，按回车键，如图 3-1-4 所示。

⑤开启"正交"模式，向右拖动光标。命令行中提示指定下一点，在命令行中输入"26"，按回车键。向下拖动光标，在命令行中输入"22"，按回车键。向右拖动光标，

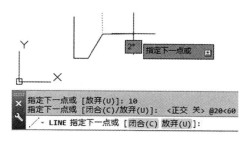

图 3-1-4 输入相对极坐标

在命令行中输入"12"，按回车键。向上拖动光标，在命令行中输入"35"，按回车键。如图 3-1-5 所示。

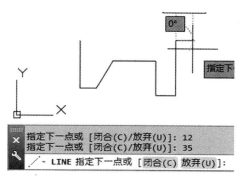

图 3-1-5 使用正交绘制直线

⑥关闭"正交"模式，命令行中提示指定下一点，运用相对坐标"@长度＜角度"，在命令行中输入"@20＜142"（此处的长度 20 mm 为估计的值），按回车键，如图 3-1-6 所示。

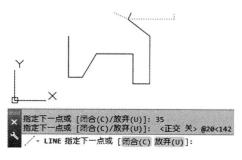

图 3-1-6 应用相对极坐标绘制直线

⑦单击菜单栏中的"绘图"|"直线"，捕捉"100，100"的端点，开启"正交"模式，向右拖动光标。命令行中提示指定下一点，在命令行中输入"16"，按回车键。向上拖

动光标，在命令行中输入"10"，按回车键，如图 3-1-7 所示。

⑧向右拖动光标，与右侧斜线相交，命令行中提示指定下一点，单击鼠标结束命令。修剪掉多余线段，显示线宽，完成图如图 3-1-8 所示。

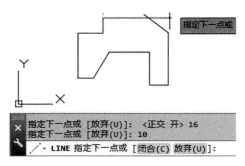

图 3-1-7 绘制与斜线相交的水平线

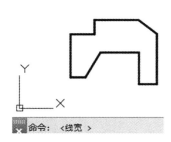

图 3-1-8 任务完成

专业对话

谈一谈你对三种绘制直线方法的理解。

任务评价

考核标准见表 3-1-1。

表 3-1-1 考核标准

序号	检测内容	检测项目	分值	要求	学生自评得分	教师评价得分
1	运用直线命令绘制图形	启动软件	10	操作正确无误		
2		指定两点绘制直线	15			
3		绘制水平和竖直直线	15			
4		利用相对坐标绘制直线	20			
5	知识运用	运用所学知识按要求完成操作	20	操作正确无误		
6	安全规范	使用正确的方法启动、关闭计算机	10	按照要求操作		
7		注意安全用电规范，防止触电	10			
				合计		

→ **拓展活动** ————————————————————●

一、选择题

1. AutoCAD 2019 中，可以绘制横平竖直的直线的是（ ）。

A. 栅格   B. 捕捉   C. 正交   D. 对象捕捉

2. 直线的起点为(0，0)，如果要画出与 X 轴正方向夹角为 60°，长度为 100 mm 的直线段应输入（ ）。

A. @100，60   B. 100   C. @100＜60   D. 60，100

3. 当使用 LINE 命令封闭多边形时，最快的方法是（ ）。

A. 输入 C，按回车键   B. 输入 B，按回车键

C. 输入 PLOT，按回车键   D. 输入 DRAW，按回车键

4. 用相对直角坐标绘图时以哪一点为参照点？（ ）

A. 上一指定点或位置   B. 坐标原点

C. 屏幕左下角点   D. 任意一点

5. 下列哪个坐标使用的是相对极坐标？（ ）

A. @32，18   B. @32＜18   C. 32，18   D. 32＜18

二、上机实践

1. 使用直线命令绘制图 3-1-9 中的图形，不需标注。

2. 运用直线命令绘制图 3-1-10 中的图形，不需标注。

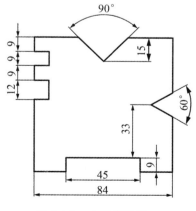

图 3-1-9 上机实践图一

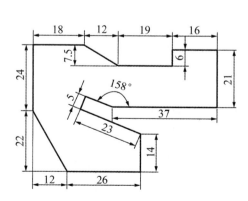

图 3-1-10 上机实践图二

任务二　多线、样条曲线

➔ 任务目标

1. 理解多线和样条曲线命令的相关概念。

2. 会运用多线命令绘制图形。

3. 会运用样条曲线命令绘制图形。

➔ 任务描述

使用直线、多线、样条曲线、对象捕捉、正交、极轴和动态输入等命令绘制图 3-2-1，不需标注。

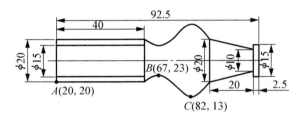

图 3-2-1　任务图

➔ 学习活动

一、绘制多线

命令：MLINE。该命令用于创建多线。可同时绘制多条平行线，其最多可包含 16 条平行线，线间的距离、线的数量、线条颜色及线型等都可以调整。该命令常用于绘制墙体、公路、管道等。

选择"绘图"|"多线"命令，如图 3-2-2 所示，命令行出现如图 3-2-3 所示的提示。

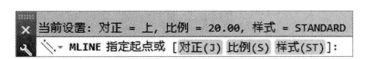

图 3-2-2　"多线"命令　　　　　　　　图 3-2-3　"多线"命令提示

各命令选项功能如下。

1. 对正(J)

该项用于给定绘制多线的基准。共有 3 种对正类型"上""无"和"下"。其中，"上"(T)"表示以多线上侧的线为基准，依此类推。

2. 比例(S)

选择该项，要求用户设置平行线的间距。输入值为 0 时，平行线重合；值为负时，多线的排列倒置。

3. 样式(ST)

该项用于设置当前使用的多线样式。定义多线样式选择"格式"|"多线样式"，出现如图 3-2-4 所示"多线样式"对话框，单击"新建"，出现"创建新的多线样式"对话框，输入样式名称，如图 3-2-5 所示。

图 3-2-4　"多线样式"对话框

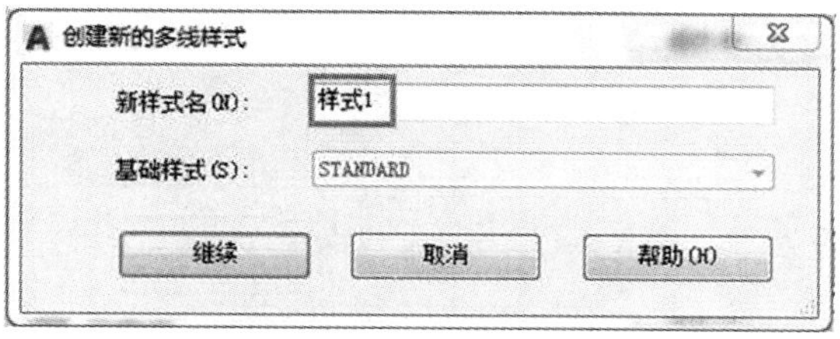

图 3-2-5　"创建新的多线样式"对话框

"多线样式"对话框中各主要选项功能如下。

"样式"列表框：显示已经加载的多线样式。

"置为当前"按钮：在"样式"列表中选中需要使用的多线样式后，单击该按钮，可以将其设置为当前样式。

"新建"按钮：单击该按钮，打开"创建新的多线样式"对话框，可以创建新样式，如图 3-2-5 所示。

"重命名"按钮：重命名"样式"列表中选中的多线样式，但不能重命名标准(STANDARD)样式。

"删除"按钮：删除"样式"列表中选中的多线样式。

"加载"按钮：单击该按钮，打开"加载多线样式"对话框，从中选取多线样式并将其加载到当前图形中。也可以单击"文件"按钮，打开"从文件加载多线样式"对话框，选择多线样式文件。默认情况下，AutoCAD 2019 提供的多线样式文件为 acad. mln。

"保存"按钮：打开"保存多线样式"对话框，可以将当前的多线样式以多线文件的形式保存。

二、 创建多线样式

在"创建新的多线样式"对话框中单击"继续"按钮，将打开"新建多线样式"对话框，可以创建新多线样式的封口、填充和元素特性等内容，如图 3-2-6 所示。

该对话框中各选项的功能如下。

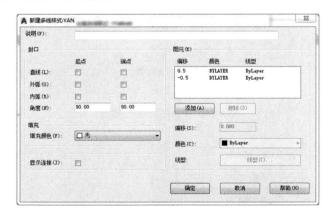

图 3-2-6 "新建多线样式"对话框

"说明"文本框：用于输入多线样式的说明信息。当在"多线样式"列表中选中"多线"时，说明信息将显示在"说明"区域中。

"封口"选项区域：用于控制多线起点和端点处的样式。可以为多线的每个端点选择一条直线或弧线，并输入角度。其中，"直线"穿过整个多线的端点，"外弧"连接最外层元素的端点，"内弧"连接成对元素，如果有奇数个元素，则中心线不相连，如图 3-2-7 所示。

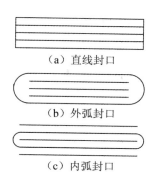

图 3-2-7 "封口"选项示例

"填充"选项区域：用于设置填充多线的背景。可在"填充颜色"下拉列表框中选择所需的填充颜色作为多线的背景。如果不使用填充色，则在"填充颜色"下拉列表框中选择"无"选项即可。

"显示连接"复选框：选中该复选框，可以在多线的拐角处显示连接线，否则不显示，如图 3-2-8 所示。

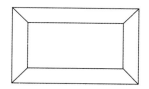 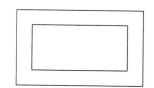

（a）在多线的拐角处显示连接线 （b）在多线的拐角处不显示连接线

图 3-2-8 "显示连接"示例

"图元"选项区域：可以设置多线样式的元素特性，包括多线的线条数目、每条线的颜色和线型等特性。其中，"图元"列表框中列举了当前多线样式中各线条元素及其特性，包括线条元素相对于多线中心线的偏移量、线条颜色和线型。如果要增加多线中线条的数目，可单击"添加"按钮，在"图元"列表中将加入一个偏移量为 0 的新线条元素；通过"偏移"文本框设置线条元素的偏移量；在"颜色"下拉列表框中设置当前线条的颜色；单击"线型"按钮，在打开的"线型"对话框中设置线条元素的线型。如果要删除某一线条，可在"图元"列表框中选中该线条元素，然后单击"删除"按钮即可。

三、 编辑多线

多线编辑命令是一个专用于多线对象的编辑命令，在快速访问工具栏选择"显示菜单栏"命令，在弹出的菜单中选择"修改"|"对象"|"多线"命令，可打开"多线编辑工具"对话框。该对话框中的各个多线编辑工具图像按钮形象地说明了编辑多线的方法，如图 3-2-9 所示。

图 3-2-9 "多线编辑工具"对话框

使用 3 种十字形工具、和可以消除各种相交线，如图 3-2-10 所示。当选择十字形中的某种工具后，还需要选取两条多线，AutoCAD 总是切断所选的第一条多线，并根据所选工具切断第二条多线。使用"十字合并"工具时可以生成配对元素的直角，如果没有配对元素，则多线将不被切断。

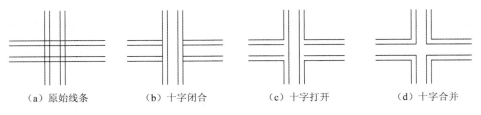

（a）原始线条　　　　（b）十字闭合　　　　（c）十字打开　　　　（d）十字合并

图 3-2-10 十字形工具

使用 T 形工具、、和角点结合工具也可以消除相交线，如图 3-2-11 所示。此外，角点结合工具还可以消除多线一侧的延伸线，从而形成直角。使用该工具时，需要选取两条多线，只需在要保留的多线某部分上拾取点，AutoCAD 就会将多线剪截或延伸到它们的相交点。

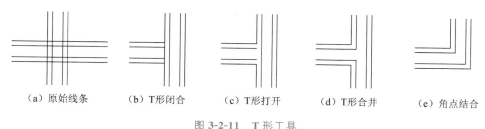

（a）原始线条　　（b）T形闭合　　（c）T形打开　　（d）T形合并　　（e）角点结合

图 3-2-11　T 形工具

使用添加顶点工具可以为多线增加若干顶点。使用删除顶点工具可以从包含 3 个或更多顶点的多线上删除顶点，若当前选取的多线只有两个顶点，那么该工具将无效。

使用剪切工具、可以切断多线。其中，"单个剪切"工具用于切断多线中的一条，只需简单地拾取要切断的多线某元素上的两点，则这两点中的连线即被删除（实际上是不显示）；"全部剪切"工具用于切断整条多线。

此外，使用"全部接合"工具可以重新显示所选两点间的任何切断的部分。

四、样条曲线

命令：SPLINE。工程应用中有一类曲线，它们不能用标准的数学方程式来加以描述，它们只有一些已测得的数据点，要用通过拟合数据点的办法来绘制出相应的曲线，这种类型的曲线即为样条曲线。样条曲线大多用于绘制局部视图和局部剖视图中的波浪线。

选择菜单栏中"绘图"｜"样条曲线"命令，分别拾取样条曲线上的点，即可绘制完成样条曲线。

单击"绘图"工具栏中的"样条曲线"按钮，也可绘制样条曲线，如图 3-2-12 所示。

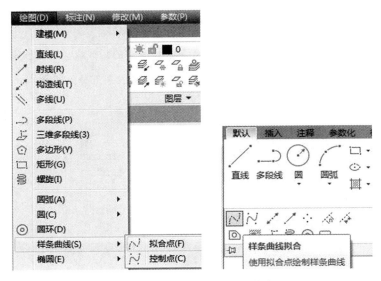

图 3-2-12　调用"样条曲线"命令

运用拟合点和控制点绘制的样条曲线，如图 3-2-13 所示。

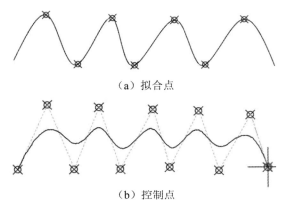

（a）拟合点

（b）控制点

图 3-2-13　运用拟合点和控制点绘制样条曲线

在 SPLINE（样条曲线）的命令提示中有两个比较重要的选项，功能介绍如下。

闭合（C）：表示让曲线的起点和终点重合，并共用相同的顶点和切线，以形成闭合的样条曲线。

公差（L）：控制样条曲线与数据点的逼近程度，也就是设置曲线与数据点之间的拟合公差。公差值越小，曲线越接近数据点。如果公差值等于 0，则样条曲线精确通过数据点；如果公差值大于 0，则样条曲线在指定的公差内逼近数据点。

→ 实践活动 ────────────────────●

No.1　新建图层

①分别设置红色中心线层、粗实线层。方法同前，不再赘述。

②在中心线层绘制垂直的两条中心线，注意线型比例。

No.2　绘制中心线

③将图层设置在中心线图层下，单击绘图栏的"直线"命令 ，或在命令行输入"L"，命令行会提示"指定第一个点"，在命令行输入"15，30"，如图 3-2-14 所示。

④根据命令行的提示"指定下一点"，命令行输入"120，30"。此时，出现一条水平的中心线，如图 3-2-15 所示。

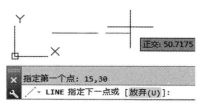

图 3-2-14　指定第一个点

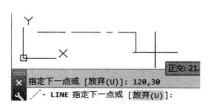

图 3-2-15　绘制中心线

No.3　绘制平行线

图中的几条直线都平行且对称于中心线，我们可以选用"多线"命令。绘图之前应先将粗实线层图层设置为当前图层。

⑤单击"绘图"｜"多线"，或在命令行中输入 MLINE 并按回车键，根据提示在命令行输入"S"并按回车键，设置比例，即两平行线间的间距，输入"20"并按回车键，如图 3-2-16 所示。

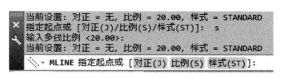

图 3-2-16　选择"对正"选项

⑥根据命令行的提示输入"J"，设置对正方式，即光标在两平行线间的位置。输入"Z"，即光标位于两平行线中点，如图 3-2-17 所示。

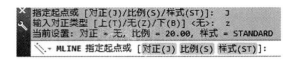

图 3-2-17 选择"对正类型"

⑦根据命令行的提示，在命令行输入"20，30"，如图 3-2-18 所示。

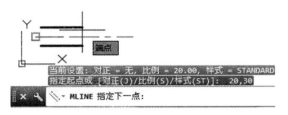

图 3-2-18 指定多线起点

⑧打开正交模式，根据命令行的提示"指定下一点"，在命令行中输入"40"，即多线的长度。出现两条长 40 mm 的平行线，按回车键，完成平行线的绘制，如图 3-2-19 所示。

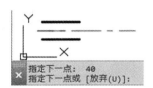

图 3-2-19 绘制长度为 40 mm 的平行线

⑨根据相同的方法，设置比例为"15"，绘制内部两条平行线，以及右端两条短平行线，如图 3-2-20 所示。

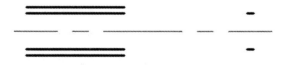

图 3-2-20 绘制比例为 15 的多线

No. 4 垂线

⑩单击"直线"命令 ，光标捕捉平行线一个端点并单击，如图 3-2-21(a)所示，再捕捉平行线另一个端点并单击，如图 3-2-21(b)所示。

2. 会用构造线做辅助线。

→ **任务描述**

以点 $A(50，100)$，点 $B(113，139)$ 和点 $C(156，67)$ 为顶点作三角形。作三角形的角平分线，使三条角平分线交于一点。

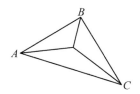

图 3-3-1　任务图

→ **学习活动**

命令：XLINE。绘制构造线常用的方法有以下几种：指定两点、绘制水平线或垂直线、指定角度画线、绘制已知角的二等分线、绘制与指定直线平行的构造线。

1. 指定两点

执行"绘图"|"构造线"命令，在命令窗口将显示图 3-3-2 所示的内容，确定指定构造线上的一点，确定构造线通过的第二点，按回车键结束命令。

命令：_xline

XLINE 指定点或 [水平(H) 垂直(V) 角度(A) 二等分(B) 偏移(O)]：

图 3-3-2　构造线各命令选项

2. 绘制水平线或垂直线

执行"绘图"|"构造线"命令，输入"H"或"V"，光标所跟随的直线变为水平或垂直，只需确定构造线的一个通过点即可完成。

3. 指定角度画线

执行"绘图"|"构造线"命令，输入"A"，输入构造线与 X 轴的夹角，或输入指定相对夹角，指定构造线的通过点即可完成。

4. 绘制已知角的二等分线

执行"绘图"|"构造线"命令，输入"B"，单击已知角的顶点，再依次确定角的起点和端点，即可完成角平分线的绘制。

5. 偏移

执行"绘图"｜"构造线"命令，输入"O"，命令窗口将有两种选项显示，指定偏移距离或"通过(T)"。直接输入数值，此数值为指定直线与构造线间的距离。单击被平行的直线，再单击需要偏移的一侧，构造平行线即完成。输入"T"，则需要单击构造线通过的点。

→ **实践活动**

①用直线命令绘制三角形，如图 3-3-3 所示。

图 3-3-3　绘制三角形

②单击"构造线"按钮 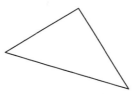，或执行"绘图"｜"构造线"命令，在命令行中输入"B"并按回车键，指定角的顶点，如图 3-3-4 所示。

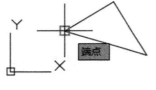

图 3-3-4　指定角的顶点

③根据命令行提示，指定角的起点，如图 3-3-5 所示。

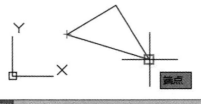

图 3-3-5　指定角的起点

④拾取端点，此时光标上带有一条构造线，根据命令行提示"指定角的端点"，如图 3-3-6 所示。

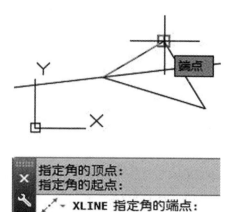

图 3-3-6 指定角的端点

⑤拾取端点，按回车键，角平分线即绘制完成，如图 3-3-7 所示。

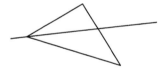

图 3-3-7 绘制一条角平分线

⑥用相同的方法绘制另外两条角平分线，并修剪，如图 3-3-8 所示。

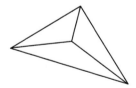

图 3-3-8 绘制完成

▶ **专业对话**

谈一谈你对构造线几种应用的理解。它们都适用于绘制什么图形？

▶ **任务评价**

考核标准见表 3-3-1。

表 3-3-1 考核标准

序号	检测内容	检测项目	分值	要求	学生自评得分	教师评价得分
1	运用构造线命令	绘制水平构造线	12	操作正确无误		
2		绘制垂直构造线	12			
3		绘制角度构造线	12			
4		绘制二等分构造线	12			
5		绘制偏移构造线	12			
6	知识运用	运用所学知识按要求完成操作	20	操作正确无误		
7	安全规范	使用正确的方法启动、关闭计算机	10	按照要求操作		
8		注意安全用电规范，防止触电	10			
				合计		

→ **拓展活动**

上机实践

使用构造线和多线等命令绘制图 3-3-9，不需标注。

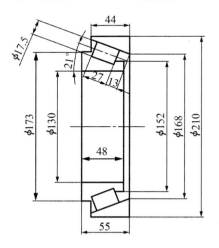

图 3-3-9 上机实践图

任务四 圆

➔ 任务目标

1. 掌握绘制圆的 6 种方法。

2. 理解每种画圆方法的应用场合。

3. 会选用适当的方法绘制圆。

➔ 任务描述

运用构造线和圆等命令绘制图 3-4-1 中的图形，不需标注。

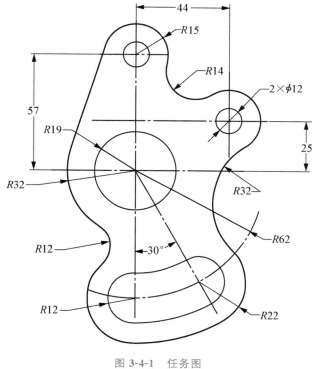

图 3-4-1　任务图

➔ 学习活动

命令：CIRCLE(快捷命令 C)。执行菜单栏"绘图"｜"圆"命令，共有 6 种绘制圆的方法，如图 3-4-2 所示。

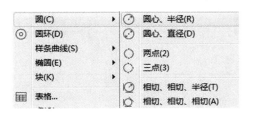

图 3-4-2 "圆"命令

1. 圆心、半径

执行菜单栏中的"绘图"｜"圆"命令，确定圆心的位置和半径的值即可绘制圆。

2. 圆心、直径

执行菜单栏中的"绘图"｜"圆"命令，确定圆心的位置和直径的值即可绘制圆。

3. 两点（直径两端点）

执行菜单栏中的"绘图"｜"圆"命令，分别指定圆直径上的两个端点，即可绘制圆。

4. 三点（圆上任意三点）

执行菜单栏中的"绘图"｜"圆"命令，分别指定圆上三个点的坐标，即可绘制圆。

5. 相切、相切、半径

执行菜单栏中的"绘图"｜"圆"命令，分别拾取与圆相切的两个对象上的两个点，输入半径值，即可绘制圆。

6. 相切、相切、相切（与圆相切的三点）

执行菜单栏中的"绘图"｜"圆"命令，分别拾取与圆相切的三个对象上的三个点，即可绘制圆。

⊙ 实践活动 ——

No.1　设置图层、绘制中心线

①分别设置红色中心线层、粗实线层。

②在中心线层绘制垂直的两条中心线，注意线型比例。

No.2　绘制图中三个整圆

③执行"绘图"菜单中的"圆"命令，根据命令行提示指定圆心，光标捕捉到中

心线交点并单击，输入圆半径"19"，半径为 19 mm 的圆绘制完成，如图 3-4-3 所示。

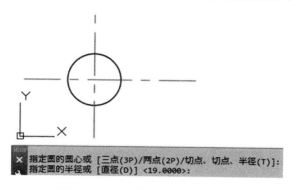

图 3-4-3　绘制半径为 19 mm 的圆

④用"修改"|"偏移"命令绘制其他两圆的中心线，并用圆心、半径的方法绘制出两个直径为 12 mm 的小圆，如图 3-4-4 所示。

No.3　绘制下方两个 $R12$ 的圆

⑤执行"绘图"|"构造线"命令，绘制夹角为 30°的中心线，以及运用圆心、半径的方法绘制 $R62$ mm 的圆弧中心线。如图 3-4-5(a) 所示。

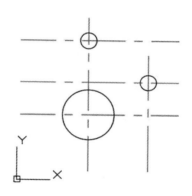

图 3-4-4　绘制直径为 12 mm 的圆

⑥运用圆心、半径的方法绘制两个 $R12$ mm 圆的相切圆，半径的长度可以用光标直接捕捉圆与中心线的交点，如图 3-4-5(b)所示。

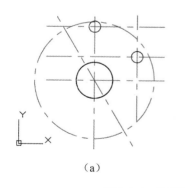

（a）

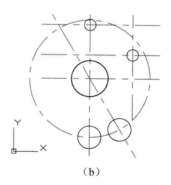

（b）

图 3-4-5　绘制两个 $R12$ mm 的圆

⑦运用打断和修剪等功能编辑图形，如图 3-4-6 所示。

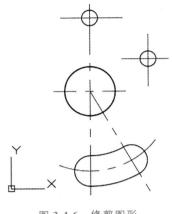

图 3-4-6　修剪图形

No.4　绘制同心圆

⑧运用圆心、半径的方法根据图上给出的半径值绘制出已知圆的同心圆，如图 3-4-7 所示。

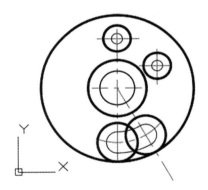

图 3-4-7　绘制已知圆的同心圆

No.5　绘制相切圆

⑨运用相切、相切、半径的方法绘制相切圆，执行"绘图"｜"圆"｜"相切、相切、半径"命令，根据命令行提示，分别拾取两相切圆上位置相近的点，再输入半径，按回车键相切圆即绘制完成，如图 3-4-8 所示。

⑩修剪后如图 3-4-9 所示。

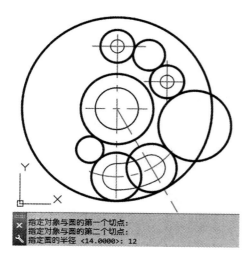

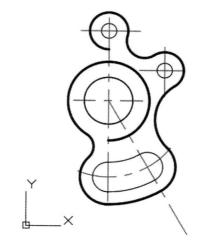

图 3-4-8　绘制相切圆

图 3-4-9　修剪图形

No. 6　绘制相切直线

⑪运用"直线"命令，捕捉切点，绘制图形上的直线段，修剪多余曲线，绘制完成，如图 3-4-10 所示。

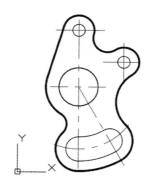

图 3-4-10　绘制圆的切线

→ **专业对话**

圆的画法你都掌握了吗？你会根据具体的已知条件正确选择绘制圆形的方法吗？

→ **任务评价**

考核标准见表 3-4-1。

表 3-4-1 考核标准

序号	检测内容	检测项目	分值	要求	学生自评得分	教师评价得分
1	绘制圆	根据圆心、半径或圆心、直径绘制圆	10	操作正确无误		
2		根据两点绘制圆	10			
3		根据三点绘制圆	10			
4		根据相切、相切、半径绘制圆	20			
5		根据相切、相切、相切绘制圆	10			
6	知识运用	运用所学知识按要求完成操作	20	操作正确无误		
7	安全规范	使用正确的方法启动、关闭计算机	10	按照要求操作		
8		注意安全用电规范，防止触电	10			
				合计		

→ **拓展活动**

一、选择题

1. 应用相切、相切、相切方式画圆时，(   )。

A. 相切的对象必须是直线

B. 不需要指定圆的半径和圆心

C. 从下拉菜单中激活画圆的命令

D. 不需要指定圆心但要输入圆的半径

2. 在机械制图中，常使用"绘图"｜"圆"命令中的(   )子命令绘制连接弧。

A. 三点　　　　　　　　　　B. 相切、相切、半径

C. 相切、相切、相切　　　　D. 圆心、半径

二、上机实践

运用圆命令绘制图 3-4-11、图 3-4-12、图 3-4-13，不需标注。

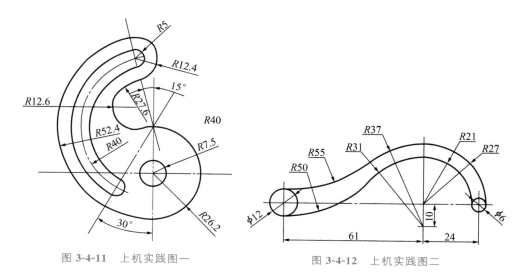

图 3-4-11 上机实践图一

图 3-4-12 上机实践图二

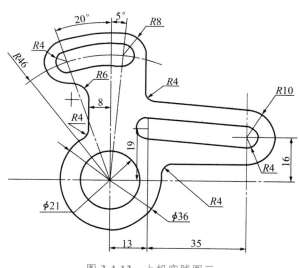

图 3-4-13 上机实践图三

→ **课外拓展** ————————————————————

"不以规矩，不能成方圆"出自《孟子离娄章句上》，强调做任何事都要有一定的规矩、规则、做法，否则无法成功。它本来来自木匠术语，"规"指的是圆规，木工干活会碰到打制圆窗、圆门、圆桌、圆凳等工作，古代工匠就已知道用"规"画圆了。"矩"也是木工用具，是指曲尺，所谓曲尺，并非弯曲之尺，而是一直一横成直角的尺，是木匠打制方形门窗桌凳必备的角尺。

国有国法，家有家规。正如党的二十大报告中提到的："全面依法治国是国家治理的一场深刻革命，关系党执政兴国，关系人民幸福安康，关系党和国家长治久安。

我们要坚持走中国特色社会主义法治道路，建设中国特色社会主义法治体系、建设社会主义法治国家，围绕保障和促进社会公平正义，坚持依法治国、依法执政、依法行政共同推进，坚持法治国家、法治政府、法治社会一体建设，全面推进科学立法、严格执法、公正司法、全民守法，全面推进国家各方面工作法治化。"

任务五　圆弧

➔ 任务目标

1. 掌握绘制圆弧的 11 种方法。

2. 理解每种画圆弧方法的应用场合。

3. 会选用适当的方法绘制圆弧。

➔ 任务描述

运用圆弧命令绘制图 3-5-1，不需标注。

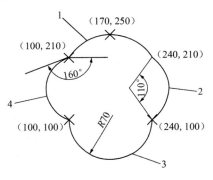

图 3-5-1　任务图

➔ 学习活动

命令：ARC。在菜单栏中的"绘图"｜"圆弧"中共有 11 种绘制圆弧的方法，如图 3-5-2 所示，相应命令功能如下。

图 3-5-2　"圆弧"命令

①三点：以给定的三个点绘制圆弧，需要指定圆弧的起点、通过的第二个点和端点。

②起点、圆心、端点：指定圆弧的起点、圆心和端点绘制圆弧。

③起点、圆心、角度：指定圆弧的起点、圆心和圆心角度绘制圆弧。需要在"指定包含角："提示下输入角度值。如果当前环境设置逆时针为角度方向，并输入正的角度值，则所绘制的圆弧从起始点绕圆心沿逆时针方向绘出；如果输入负角度值，则沿顺时针方向绘制圆弧。

④起点、圆心、长度：指定圆弧的起点、圆心和弦长绘制圆弧。要求所给定的弦长不得超过起点到圆心距离的两倍。另外，在命令行的"指定弦长："提示下，所输入的值如果为负值，则该值的绝对值将作为对应整圆的空缺部分处圆弧的弦长。

⑤起点、端点、角度：指定圆弧的起点、端点和圆心角度绘制圆弧。

⑥起点、端点、方向：指定圆弧的起点、端点和起点切线方向绘制圆弧。当命令行显示"指定圆弧的起点切向："时，拖动鼠标动态地确定圆弧在起始点处的切线方向与水平方向的夹角。拖动鼠标时，AutoCAD 会在当前光标与圆弧起始点之间形成一条橡皮筋线，此橡皮筋线即代表圆弧在起始点处的切线。拖动鼠标确定圆弧在起始点处的切线方向后，单击拾取键即可得到相应的圆弧。

⑦起点、端点、半径：指定圆弧的起点、端点和半径绘制圆弧。

⑧圆心、起点、端点：指定圆弧的圆心、起点和端点绘制圆弧。

⑨圆心、起点、角度：指定圆弧的圆心、起点和圆心角度绘制圆弧。

⑩圆心、起点、长度：指定圆弧的圆心、起点和弦长绘制圆弧。

⑪继续：选择该命令，在命令行的"指定圆弧的起点或［圆心（C）］："提示下直接按回车键，系统将以上一次绘制线段或圆弧过程中确定的最后一点作为新圆弧的起点，以最后所绘线段方向或圆弧终止点处的切线方向为新圆弧在起始点处的切线方向，然后再指定一点，就可以绘制出一个圆弧。

⊙ 实践活动 ————————————————————————————

No.1 绘制圆弧 1

①执行"绘图"｜"圆弧"｜"三点"命令，根据命令行提示输入圆弧起点坐标"100，210"，如图 3-5-3 所示。

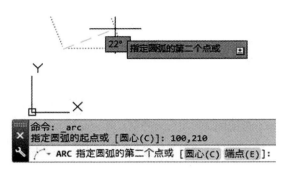

图 3-5-3　指定圆弧起点

②根据命令行提示输入圆弧的第二个点坐标"170，250"，如图 3-5-4 所示。

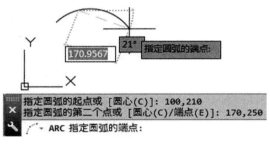

图 3-5-4　指定圆弧的第二个点

③根据命令行提示输入圆弧的端点坐标"240，210"，第一段圆弧绘制完成，如图 3-5-5 所示。

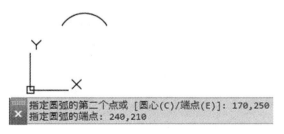

图 3-5-5　指定圆弧端点

No.2　绘制圆弧 2

④执行"绘图"|"圆弧"|"起点、端点、角度"命令，根据命令行提示输入圆弧起点坐标"240，210"，如图 3-5-6 所示。

⑤根据命令行提示输入圆弧端点坐标"240，100"，如图 3-5-7 所示。

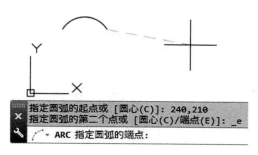

图 3-5-6　指定圆弧起点

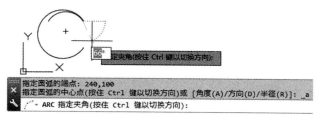

图 3-5-7　指定圆弧端点

⑥根据命令行提示输入圆弧的角度"－110"并按回车键，第二段圆弧绘制完成，如图 3-5-8 所示。

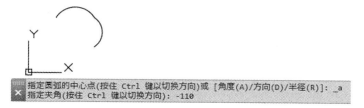

图 3-5-8　指定圆弧角度

No. 3　绘制圆弧 3

⑦执行"绘图"｜"圆弧"｜"起点、端点、半径"命令，根据命令行提示输入圆弧起点坐标"100，100"，如图 3-5-9 所示。

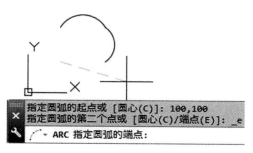

图 3-5-9　指定圆弧起点

⑧根据命令行提示输入圆弧端点坐标"240，100"，如图 3-5-10 所示。

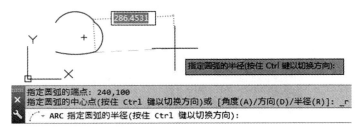

图 3-5-10　指定圆弧端点

⑨根据命令行提示输入圆弧的半径"70"，第三段圆弧绘制完成，如图 3-5-11 所示。

No. 4　绘制圆弧 4

⑩执行"绘图"│"圆弧"│"起点、端点、方向"命令，根据命令行提示输入圆弧起点坐标"100，210"并按回车键，如图 3-5-12 所示。

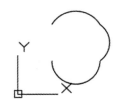

图 3-5-11　指定圆弧半径

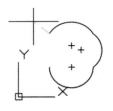

图 3-5-12　指定圆弧起点

⑪根据命令行提示输入圆弧端点坐标"100，100"，按回车键，如图 3-5-13 所示。

图 3-5-13　指定圆弧端点

⑫根据命令行提示输入圆弧的起点切向"—160"，第四段圆弧绘制完成，如图3-5-14所示。

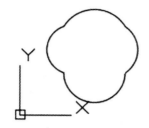

图 3-5-14 指定圆弧起点切向

> **专业对话** ─────────────────────────●

你能说出在何种情况下运用何种绘制圆弧的方法吗？

> **任务评价** ─────────────────────────●

考核标准见表3-5-1。

表 3-5-1 考核标准

序号	检测内容	检测项目	分值	要求	学生自评得分	教师评价得分
1	绘制圆弧	根据三点绘制圆弧	10	操作正确无误		
2		根据起点、端点、角度绘制圆弧	10			
3		根据起点、端点、半径绘制圆弧	20			
4		根据起点、端点、方向绘制圆弧	20			
5	知识运用	运用所学知识按要求完成操作	20	操作正确无误		
6	安全规范	使用正确的方法启动、关闭计算机	10	按照要求操作		
7		注意安全用电规范，防止触电	10			
				合计		

⊙ **拓展活动** ━━━━━━━━━━━━━━━━━━━━━━━━━━━●

上机实践

运用构造线、圆和圆弧等命令绘制图 3-5-15、图 3-5-16，不需标注。

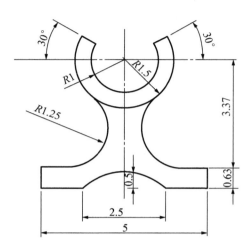

图 3-5-15　上机实践图一

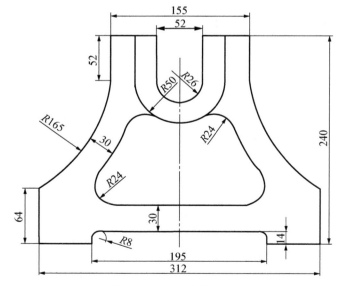

图 3-5-16　上机实践图二

任务六　多段线

任务目标

1. 理解多段线的概念。

2. 能够正确利用命令选项绘制多段线。

任务描述

图 3-6-1 中为一二极管符号，其中 A 点坐标(10，30)，AB 段的线宽为 0，长度 20，B 点线宽为 10，C 点线宽为 0，C 点坐标为(40，30)，CD 段线宽为 10，长度为 1，DE 段线宽为 0 ，E 点坐标为(60，30)。

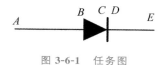

图 3-6-1　任务图

学习活动

命令：PLINE。多段线是由直线段和圆弧构成的，且可以有宽度的图形对象，这种线由于其组合形式的多样和线宽的不同，弥补了直线或圆弧功能的不足，适合绘制各种复杂的图形轮廓，因而得到了广泛应用。

多段线是一个整体图形。多段线可以创建直线段、弧线段或两者的组合线段。

实践活动

①单击"绘图"工具栏 ，根据命令行提示输入起点坐标"10，30"，如图 3-6-2 所示。

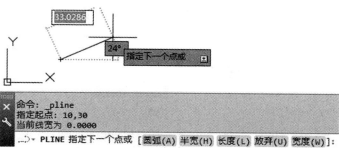

图 3-6-2　指定多段线起点

②根据命令行提示输入 *AB* 线段长度"20"，如图 3-6-3 所示。

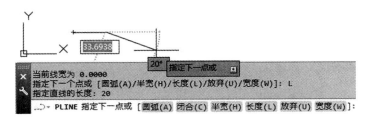

图 **3-6-3** 指定 *AB* 段长度

③根据命令行提示输入"W"，起点宽度"10"，端点宽度"0"，如图 3-6-4 所示。

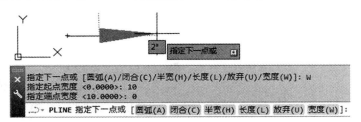

图 **3-6-4** 指定 *BC* 段线宽

④根据命令行提示输入"L"，长度"10"，如图 3-6-5 所示。

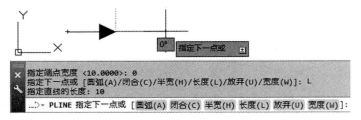

图 **3-6-5** 指定 *BC* 段长度

⑤根据命令行提示输入"W"，起点宽度"10"，端点宽度"10"，输入"L"，长度"1"，如图 3-6-6 所示。

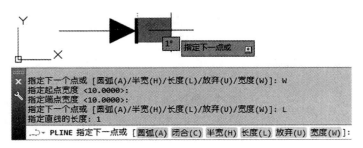

图 **3-6-6** 指定 *CD* 段线宽与长度

⑥根据命令行提示输入"W"，起点宽度"0"，端点宽度"0"，输入"L"，长度"19"，完成图形绘制，如图 3-6-7 所示。

图 3-6-7　指定 *DE* 段线宽与长度

→ **专业对话** ────────────────────────

对于多段线命令的使用功能你弄懂了吗？它适用于绘制何种图形？

→ **任务评价** ────────────────────────

考核标准见表 3-6-1。

表 3-6-1　考核标准

序号	检测内容	检测项目	分值	要求	学生自评得分	教师评价得分
1	绘制多段线	设置多段线长度	20	操作正确无误		
2		设置多段线宽度	20			
3		设置圆弧多段线	20			
4	知识运用	运用所学知识按要求完成操作	20	操作正确无误		
5	安全规范	使用正确的方法启动、关闭计算机	10	按照要求操作		
6		注意安全用电规范，防止触电	10			
				合计		

→ **拓展活动** ────────────────────────

一、选择题

1. 在绘制二维图形时，要绘制多段线，可以执行(　　)命令。

A."绘图"|"3D 多段线"　　　　　　B."绘图"|"多段线"

C."绘图"|"多线"　　　　　　　　D."绘图"|"样条曲线"

2. 下面哪个对象不可以使用多段线命令来绘制？(　　)

A. 直线　　　　B. 圆弧　　　　C. 具有宽度的直线　　　　D. 椭圆弧

二、上机实践

1. 用圆、圆弧和多段线等命令绘制图 3-6-8。花茎的线宽起始、终止均为 0.7；花叶的线宽起始为 5.0，终止为 0.7。

图 3-6-8　上机实践图一

2. 使用多段线命令绘制图 3-6-9，其中 AB 弧角度为 180°，BC 长度为 50。

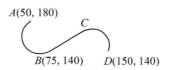

图 3-6-9　上机实践图二

3. 绘制如图 3-6-10 所示的多段线，A 点坐标为（30，150），E 点坐标为（130，100），A、B、C、D 四点在同一水平线上。线段 AB 长度为 40，宽度为 0.2；线段 BC 长度为 30，B 点宽度为 25，C 点宽度为 0.1；线段 CD 长度为 30，D 点宽度为 15；半圆弧 DE 的宽度为 15，线段 CD 在 D 点与半圆弧 DE 相切。

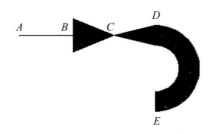

图 3-6-10　上机实践图三

4. 使用多段线命令绘制图 3-6-11。

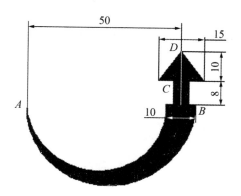

图 3-6-11 上机实践图四

任务七 矩形与正多边形

→ 任务目标

1. 掌握绘制矩形的方法。

2. 掌握绘制正多边形的方法。

→ 任务描述

使用矩形、多边形等命令绘制图 3-7-1 中的图形，不需标注。

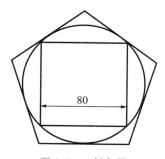

图 3-7-1 任务图

→ 学习活动

一、矩形

命令：RECTANG。在功能区"默认"选项卡"绘图"面板调用"矩形" 命令，命令行弹出提示，如图3-7-2所示，各命令选项使用方法如下。

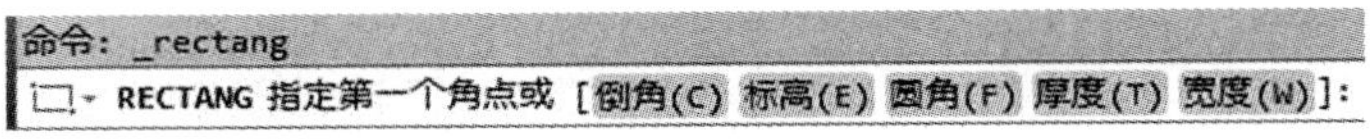

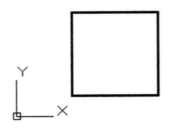

图 3-7-2 "矩形"命令提示

1. 绘制指定对角点的矩形

①调用 ▭ 命令，命令行提示指定第一个角点，输入"100，100"。

②命令行提示指定另一个角点，输入"200，200"，矩形绘制完成，如图3-7-3所示。

图 3-7-3 绘制指定对角点的矩形

2. 绘制带倒角的矩形

①调用 ▭ 命令，根据命令行提示，输入"C"。

②根据命令行提示，输入第一个倒角距离"5"。

③根据命令行提示，输入第二个倒角距离"5"。

④根据命令行提示，输入第一个角点"200，200"。

⑤根据命令行提示，输入第二个角点"230，180"，矩形绘制完成，如图3-7-4所示。

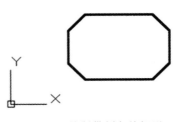

图 3-7-4 绘制带倒角的矩形

3. 绘制带圆角的矩形

①调用 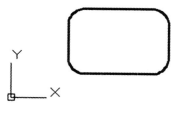命令，根据命令行提示，输入"F"。

②根据命令行提示，输入圆角半径"5"。

③根据命令行提示，输入第一个角点"200，200"。

④根据命令行提示，输入第二个角点"230，180"，矩形绘制完成，如图 3-7-5 所示。

图 3-7-5 绘制带圆角的矩形

4. 绘制指定线宽的矩形

①调用 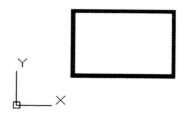命令，根据命令行提示，输入"W"。

②根据命令行提示，输入线宽"1"。

③根据命令行提示，输入第一个角点"200，200"。

④根据命令行提示，输入第二个角点"230，180"，矩形绘制完成，如图 3-7-6 所示。

图 3-7-6 绘制指定线宽的矩形

5. 绘制指定面积的矩形

①调用 命令，根据命令行提示，指定第一个角点，输入"200，200"。

②根据命令行提示，输入面积选项 "A"。

③根据命令行提示，输入矩形面积"100"。

④根据命令行提示，输入计算依据"L"。

⑤根据命令行提示，输入长度值"20"，矩形绘制完成，如图 3-7-7 所示。

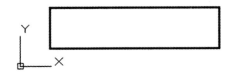

图 3-7-7　绘制指定面积的矩形

6. 绘制指定旋转角度的矩形

①调用 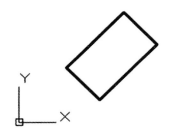 命令，根据命令行提示，指定第一个角点，输入"200，200"。

②根据命令行提示，输入旋转选项"R"。

③根据命令行提示，输入旋转角度"45"。

④根据命令行提示，确定矩形另一个角点的位置，矩形绘制完成，如图 3-7-8 所示。

图 3-7-8　绘制指定旋转角度的矩形

二、 正多边形

命令：POLYGON。可在功能区"默认"选项卡"绘图"面板调用"正多边形"命令 ⬡。正多边形命令可以绘制边数为 3～1024 的正多边形，初始线宽为 0，可用 PEDIT 命令修改线宽。绘制正多边形的方法如下。

1. 绘制内接于圆的正多边形

①调用 ⬡ 命令，根据命令行提示，指定多边形边数，输入"4"。

②根据命令行提示，输入多边形的中心点"200，200"。

③根据命令行提示，选择内接于圆"I"。

④根据命令行提示，指定圆的半径"50"，内接于圆的正多边形绘制完成，如图 3-7-9 所示。

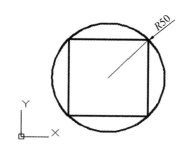

图 3-7-9 绘制内接于圆的正多边形

2. 绘制外切于圆的正多边形

①调用命令⬡，根据命令行提示，指定正多边形边数，输入"4"。

②根据命令行提示，输入多边形的中心点"200，200"。

③根据命令行提示，选择外切于圆"C"。

④根据命令行提示，指定圆的半径"50"，外切于圆的正多边形绘制完成，如图 3-7-10 所示。

图 3-7-10 绘制外切于圆的正多边形

3. 绘制指定边长的多边形

①调用命令⬡，根据命令行提示，指定正多边形边数，输入"6"。

②根据命令行提示，选择边长选项"E"。

③根据命令行提示，输入第一个端点坐标"100，100"。

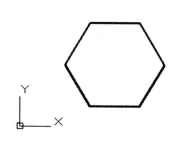

图 3-7-11 绘制指定边长的正多边形

④根据命令行提示，指定第二个端点坐标，利用相对坐标输入"@100，0"，边长为 100 的正六边形绘制完成，如图 3-7-11 所示。

⊙ 实践活动 ━━━━━━━━━━━━━━━━━━━━━━━━━━━━●

No.1 绘制正方形

①调用"绘图"工具栏中"矩形"命令 ▭ ，命令行提示指定第一个角点，在绘图区域任意位置单击鼠标，如图 3-7-12 所示。

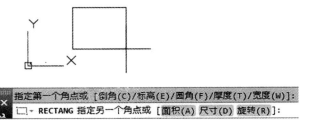

图 3-7-12 指定矩形第一个角点

②命令行提示指定另一个角点，输入"D"，长度"80"，宽度"80"，如图 3-7-13 所示。

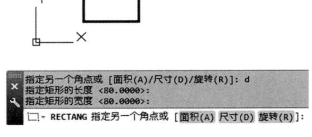

图 3-7-13 指定矩形的长和宽

③移动光标到合适的位置单击确定矩形的另一个角点，正方形绘制完成，如图 3-7-14 所示。

图 3-7-14 正方形绘制完成

No.2 绘制圆

④调用"圆"命令，选择"两点(2)"选项，依次单击正方形两对角点，正方形的外接圆绘制完成，如图3-7-15所示。

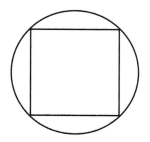

图 3-7-15 绘制正方形外接圆

No.3 绘制五边形

⑤调用命令⬠，根据命令行提示，指定正多边形边数，输入"5"。

⑥根据命令行提示，指定正多边形的中心点，单击圆心，如图3-7-16所示。

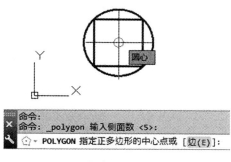

图 3-7-16 指定正多边形的中心点

⑦根据命令行提示，选择外切于圆，输入"C"，如图3-7-17所示。

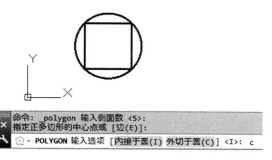

图 3-7-17 选择"外切于圆"选项

⑧根据命令行提示，捕捉如图3-7-18所示的象限点，单击鼠标，正五边形绘制完成。

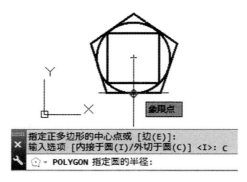

图 3-7-18 绘制正五边形

专业对话

绘制矩形和正多边形的几种方法你都掌握了吗？根据不同的已知条件，你会选择合适的方法绘制吗？

任务评价

考核标准见表3-7-1。

表 3-7-1 考核标准

序号	检测内容	检测项目	分值	要求	学生自评得分	教师评价得分
1	绘制矩形与正多边形	根据两点绘制矩形	10	操作正确无误		
2		绘制指定长宽或面积的矩形	10			
3		绘制有倒角、圆角或线宽的矩形	10			
4		绘制内接于圆的正多边形	10			
5		绘制外切于圆的正多边形	10			
6		绘制指定边长的正多边形	10			
7	知识运用	运用所学知识按要求完成操作	20	操作正确无误		

续表

序号	检测内容	检测项目	分值	要求	学生自评得分	教师评价得分
8	安全规范	使用正确的方法启动、关闭计算机	10	按照要求操作		
9		注意安全用电规范，防止触电	10			
				合计		

→ **拓展活动**

一、选择题

1. 在 AutoCAD 中使用 POLYGON 命令绘制正多边形，边数最大值是（　　）。

A. 300　　　　　　B. 50　　　　　　C. 100　　　　　　D. 1024

2. 在 AutoCAD 中以下有关多边形的说法错误的是（　　）。

A. 多边形是由最少 3 条最多 1024 条长度相等的边组成的封闭多段线

B. 绘制多边形的默认方式是外切多边形

C. 绘制内接多边形需指定多边形的中心以及从中心点到每个顶角点的距离，整个多边形位于一个虚构的圆中

D. 绘制外切多边形需指定多边形一条边的起点和端点，其边的中点在一个虚构的圆中

3. 在 AutoCAD 中，使用"绘图"│"矩形"命令可以绘制多种图形，以下答案中最恰当的是（　　）。

A. 倒角矩形　　　　　　　　　B. 有厚度的矩形

C. 圆角矩形　　　　　　　　　D. 以上答案全正确

4. 运用正多边形命令绘制的正多边形可以看作一条（　　）。

A. 多段线　　　　B. 构造线　　　　C. 样条曲线　　　　D. 直线

5. 下面哪些命令可以绘制矩形？（　　）（多选）

A. LINE　　　　B. PLINE　　　　C. RECTANG　　　　D. POLYGON

二、上机实践

1. 使用矩形、正多边形等命令绘制图 3-7-19。

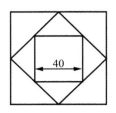

图 3-7-19　上机实践图一

2. 使用正多边形命令绘制图 3-7-20，不需标注。

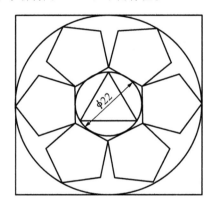

图 3-7-20　上机实践图二

3. 使用正多边形、圆等命令绘制图 3-7-21，不需标注。

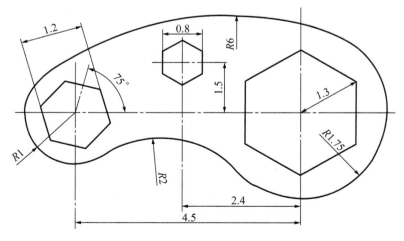

图 3-7-21　上机实践图三

4. 使用矩形、正多边形命令绘制图 3-7-22，不需标注。

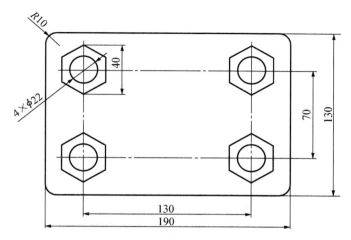

图 3-7-22　上机实践图四

任务八　圆环与椭圆

→ **任务目标**

1. 理解圆环与椭圆的相关概念。

2. 掌握绘制圆环的方法。

3. 掌握绘制椭圆的方法。

→ **任务描述**

使用圆、椭圆、圆环等命令绘制图 3-8-1 中的图形，其中 *AB* 段为 1/4 椭圆弧，*CD* 段为 1/2 椭圆弧。不需标注。

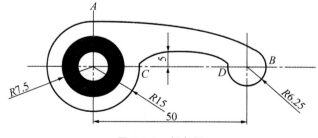

图 3-8-1　任务图

➔ **学习活动** ─────────────────────────────────────

一、 圆环

命令：DONUT。圆环其实也是多段线，圆环可以有任意的内径与外径，如果内径与外径相等，则圆环就是一个普通的圆；如果内径为 0，则圆环为一个实心圆。

调用"绘图"｜"圆环"命令◎后，根据命令行提示，分别设置圆环的内径、外径、中心点，圆环即可绘制完成，如图 3-8-2 所示。

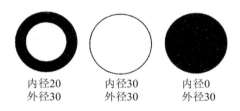

内径20　　　　内径30　　　　内径0
外径30　　　　外径30　　　　外径30

图 3-8-2　圆环的内径与外径

二、 椭圆

命令：ELLIPSE。在菜单栏中选择"绘图"｜"椭圆"，有三种画椭圆的方式，如图 3-8-3 所示。

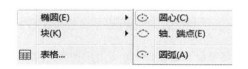

图 3-8-3　"椭圆"命令

①圆心：通过指定椭圆中心和两轴长度来确定椭圆。根据命令行提示，指定椭圆中心，再分别指定椭圆的长轴和短轴的端点，椭圆即可绘制完成。

②轴、端点：根据命令行提示，指定椭圆其中一根轴的两端点，再指定椭圆另外一根轴的端点，椭圆即可绘制完成。

③圆弧：通过给定椭圆弧的起始角度来确定椭圆弧。绘制椭圆弧前面的步骤和椭圆一样，后面会提示如图 3-8-4 所示的内容。

图 3-8-4　绘制椭圆弧

　　"指定起点角度"选项：通过给定椭圆弧的起点角度来确定椭圆弧。命令行将显示"指定终止角度或参数(P)包含角度(I)"提示信息。其中，选择"指定终止角度"选项，要求给定椭圆弧的终止角，用于确定椭圆弧另一端点的位置；选择"参数(P)包含角度(I)"选项，系统将根据椭圆弧的包含角来确定椭圆弧。

　　"参数(P)"选项：通过指定的参数来确定椭圆弧。命令行将显示"指定起始参数或[角度(A)]"，其中，选择"角度"选项，切换到使用角度来确定椭圆弧的方式；如果输入参数即执行默认项，系统将使用公式 $P(n)=c+a\times\cos n+b\times\sin n$ 来计算椭圆弧的起始角，其中，n 是输入的参数，c 是椭圆弧的半焦距，a 和 b 分别是椭圆的长半轴与短半轴的轴长。

→ 实践活动 ————————————————————————————

No.1　设置图层、绘中心线

①分别设置红色中心线层、粗实线层。

②在中心线层绘制垂直的两条中心线，注意线型比例。

No.2　绘制圆形

③调用圆命令 ⊘，分别以中心线两交点为圆心，以 15 和 6.25 为半径画圆，如图 3-8-5 所示。

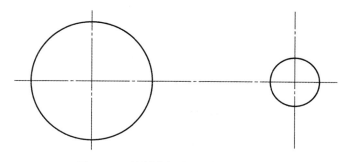

图 3-8-5　绘制半径为 15 和 6.25 的圆

No.3　绘制圆环

④调用圆环命令 ◎，根据命令行提示，输入内径"10"，外径"20"，指定圆环的中心点，圆环绘制完成，如图 3-8-6 所示。

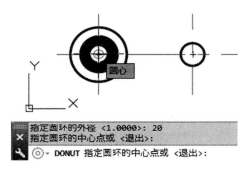

图 3-8-6　绘制圆环

No. 4　绘制椭圆

⑤调用椭圆命令 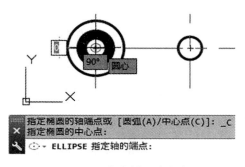，根据命令行提示，输入"C"，指定椭圆中心，如图 3-8-7 所示。

图 3-8-7　指定椭圆中心点

⑥根据命令行提示，指定轴端点，如图 3-8-8 所示。

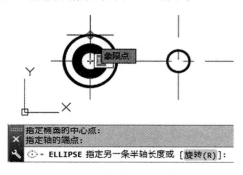

图 3-8-8　指定椭圆轴端点

⑦根据命令行提示，指定另一条半轴长度，如图 3-8-9 所示。

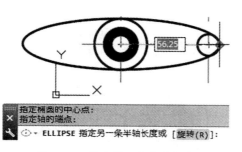

图 3-8-9　指定另一条半轴长度

⑧重复椭圆命令，根据提示指定轴的一个端点，如图 3-8-10 所示。

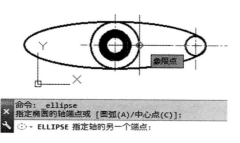

图 3-8-10　指定椭圆轴端点

⑨根据提示指定轴的另一个端点，如图 3-8-11 所示。

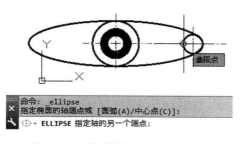

图 3-8-11　指定椭圆另一个轴端点

⑩根据提示指定另一轴的长度，输入"5"，小椭圆绘制完成，如图 3-8-12 所示。

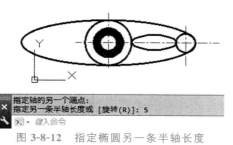

图 3-8-12　指定椭圆另一条半轴长度

No.5　修剪

⑪将图中多余线条修剪掉，题目完成，如图 3-8-13 所示。

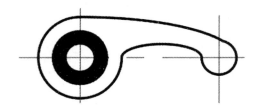

图 3-8-13　完成图形绘制

➔ **专业对话**

谈一谈你对圆环与椭圆命令的理解，你能正确地绘制吗？

➔ **任务评价**

考核标准见表 3-8-1。

表 3-8-1　考核标准

序号	检测内容	检测项目	分值	要求	学生自评得分	教师评价得分
1	绘制椭圆与圆环	指定轴、端点绘制椭圆	20	操作正确无误		
2		指定中心、轴绘制椭圆	20			
3		绘制圆环	20			
4	知识运用	运用所学知识按要求完成操作	20	操作正确无误		
5	安全规范	使用正确的方法启动、关闭计算机	10	按照要求操作		
6		注意安全用电规范，防止触电	10			
				合计		

➔ **拓展活动**

一、选择题

1.（　　）命令用于绘制指定内外直径的圆环或填充圆。

A. 椭圆　　　　　B. 圆　　　　　C. 圆弧　　　　　D. 圆环

2. 下列（　　）命令是绘制椭圆。

A. ELLIPSE　　　　B. CIRCLE　　　　C. ARC　　　　　D. DONUT

3. 以下哪种说法是错误的？（　　）

A. 使用"绘图"|"正多边形"命令将得到一条多段线

B. 可以用"绘图"|"圆环"命令绘制填充的实心圆

C. 打断一条"构造线"将得到两条射线

D. 不能用"绘图"|"椭圆"命令画圆

二、上机实践

1. 使用圆环、椭圆等命令绘制图 3-8-14，不需标注。

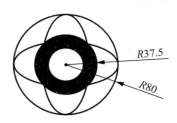

图 3-8-14　上机实践图一

2. 使用椭圆命令绘制图 3-8-15，不需标注。

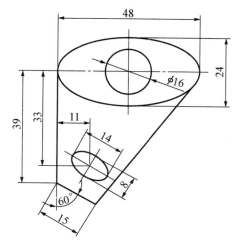

图 3-8-15　上机实践图二

3. 使用椭圆和圆命令绘制图 3-8-16，不需标注。

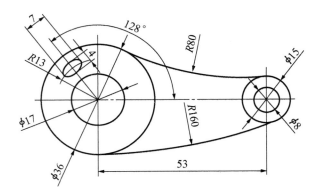

图 3-8-16　上机实践图三

任务九　点

(→) 任务目标

1. 会运用点命令绘制单点和多点。

2. 会运用点命令进行定数等分。

3. 会运用点命令进行定距等分。

4. 会设置点的样式。

(→) 任务描述

1. 运用圆、点的定数等分等命令绘制图 3-9-1 中的图形，其中小圆将大圆平均分成 5 等份。

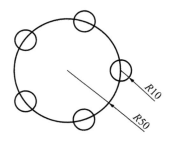

图 3-9-1　任务图一

2. 将长为 100 的直线段按每段 10 的长度均分，如图 3-9-2 所示。

图 3-9-2　任务图二

④执行菜单栏"格式"｜"点样式"命令，根据需要选择点的样式，如图 3-9-7 所示。
单击"确认"按钮，效果如图 3-9-8 所示。

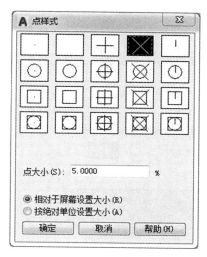

图 3-9-7　修改点样式

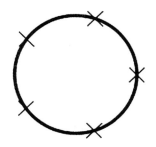

图 3-9-8　显示等分点

No.3　绘制小圆

⑤分别以 5 个交点为圆心，10 为半径绘制小圆，如图 3-9-9 所示。

No.4　修改点样式

⑥将点重新修改为黑色圆点的样式，图形绘制完成，如图 3-9-10 所示。

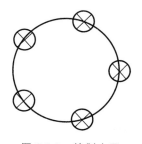

图 3-9-9　绘制小圆

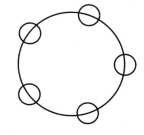

图 3-9-10　重新修改点样式

No.5　绘制 100 的直线段

⑦单击"直线"命令 ✏，命令行会提示"指定第一点"，在绘图区域任意单击，绘制一条长为 100 的直线段，如图 3-9-11 所示。

图 3-9-11　绘制直线段

No. 6　定距等分

⑧执行菜单栏"绘图"｜"点"｜"定距等分"命令，根据提示选择要被等分的对象，单击直线段，如图 3-9-12 所示。

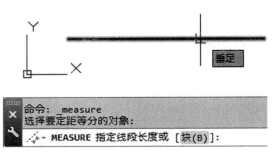

图 3-9-12　选择定距等分对象

⑨根据提示输入"10"，如图 3-9-13 所示。

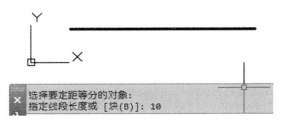

图 3-9-13　指定线段长度

No. 7　修改点样式

⑩修改点样式，绘图完成，如图 3-9-14 所示。

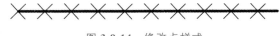

图 3-9-14　修改点样式

→ 专业对话

谈一谈你对点命令的认识和理解。你会将点命令运用到具体绘图中吗？

任务评价

考核标准见表 3-9-1。

表 3-9-1　考核标准

序号	检测内容	检测项目	分值	要求	学生自评得分	教师评价得分
1	绘制点、点的定数等分、点的定距等分	绘制单点或多点	15	操作正确无误		
2		设置点样式	15			
3		定数等分对象	15			
4		定距等分对象	15			
5	知识运用	运用所学知识按要求完成操作	20	操作正确无误		
6	安全规范	使用正确的方法启动、关闭计算机	10	按照要求操作		
7		注意安全用电规范，防止触电	10			
				合计		

拓展活动

一、选择题

1. 在 AutoCAD 中定数等分的快捷键是（　　　）。

A. MI　　　　　　B. LEN　　　　　　C. F11　　　　　　D. DIV

2. 需要将直线按距离分成 5 段，适合应用（　　　）命令。

A. 定数等分　　　B. 定距等分　　　C. 阵列　　　　　D. 缩放

3. 在 AutoCAD 中，点命令主要包括（　　　）等。（多选）

A. POINT　　　　B. DIVIDE　　　　C. SCALE　　　　D. MEASURE

二、上机实践

用直线、圆和定数等分等命令绘制图 3-9-15，其中两个圆心 B 点和 C 点将 AD 线段分成 3 等份。

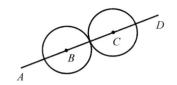

图 3-9-15　上机实践图

任务十　图案填充

→ **任务目标**

1. 理解图案边界、孤岛、填充方式等相关概念。

2. 掌握图案填充的使用方法。

→ **任务描述**

对图形进行图案填充，如图 3-10-1 所示。

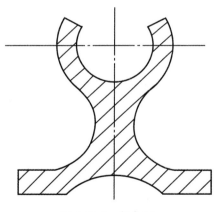

图 3-10-1　任务图

→ **学习活动**

一、 图案填充基本概念

命令：BHATCH。该命令用于绘制剖面符号或剖面线，表现表面纹理或涂色，以便区分工程的部件或表现组成对象的材质。首先来了解一些相关概念。

1. 图案边界

当进行图案填充时，首先要确定填充图案的边界。图案边界必须是封闭的，定义边界的对象只能是直线、多段线、样条曲线、圆弧、圆、椭圆、椭圆弧、面域等对象。

2. 孤岛

在进行图案填充时，我们把位于总填充区域内的封闭区称为孤岛，如图 3-10-2 所示。在使用"BHATCH"命令填充时，AutoCAD 系统允许用户以拾取点的方式确定填充边界，即在希望填充的区域内任意拾取一点，系统会自动确定出填充边界，同时也确定该边界内的孤岛。如果用户以选择对象的方式确定填充边界，则必须确切地选取这些孤岛。

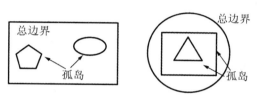

图 3-10-2 孤岛

3. 填充方式

在进行图案填充时，需要控制填充的范围，AutoCAD 系统为用户设置了以下 3 种填充方式以实现对填充范围的控制，如图 3-10-3 所示。

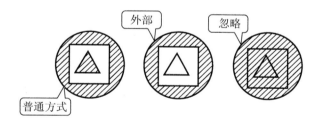

图 3-10-3 填充方式

普通：从外部边界向内填充。遇到内部孤岛时，将停止填充，直到遇到下一个孤岛才再次填充。该方式为系统的默认方式。

外部：从外部边界向内填充。遇到内部孤岛时，将停止填充，因此只有图形的最外层被填充，内部仍然保留为空白。

忽略：忽略所有内部的对象，填充时将通过这些对象。

二、 图案填充

命令：HATCH。选择"绘图"｜"图案填充"命令，出现"图案填充创建"选项卡，如图 3-10-4 所示。

图 3-10-4 "图案填充创建"选项卡

1."图案填充"选项卡

此选项卡中的各选项用来确定图案及其参数，其中各选项含义如下。

①"类型"下拉列表框：用于确定填充图案的类型及图案，有实体、渐变色、图案和用户自定义 4 个选项，如图 3-10-5 所示。

②"图案"下拉列表框：用于确定标准图案文件中的填充图案，在左边的图案表板中，用户可从中选择填充图案。

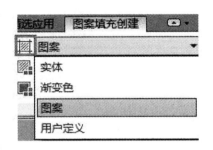

图 3-10-5 "类型"下拉列表框

③"颜色"显示框：使用填充图案和实体填充的指定颜色替代当前颜色。

④"用户定义"下拉列表框：此下拉列表框只用于用户自定义的填充图案。只有在"类型"下拉列表框中选择"自定义"选项，该项才允许用户从自己定义的图案文件中选择填充图案。

⑤"角度"文本框：用于确定填充图案时的旋转角度。每种图案在定义时的旋转角度为零，用户可以在"角度"文本框中设置所希望的旋转角度。

⑥"比例"下拉列表框：用于确定填充图案的比例值。每种图案在定义时的初始比例为 1，用户可以根据需要放大或缩小，其方法是在"比例"文本框中输入相应的比例值。

⑦"双向"复选框：用于确定用户定义的填充线是一组平行线，还是相互垂直的两组平行线。只有在"类型"下拉列表中选择"用户定义"选项时，该项才可以使用。

⑧"相对图纸空间"复选框：确定是否相对于图纸空间单位来确定填充图案的比例值。勾选该复选框，可以按适合于版面布局的比例方便地显示填充图案。该选项仅适用按图形版面编排。

⑨"间距"文本框：设置线之间的间距，在"间距"文本框中输入值即可。只有在"类型"下拉列表框中选择"用户定义"选项，该选项才可以使用。

⑩"ISO 笔宽"下拉列表框：用于告诉用户根据所选择的笔宽确定与 ISO 有关的图案比例，只有选择了已定义的 ISO 填充图案后，才可确定它的内容，如图 3-10-6 所示。

图 3-10-6 "特性"选项组

⑪"原点"选项组：控制填充图案生成的起始位置。此图案填充(如砖块图案)需要与图案填充边界上的点对齐。在默认情况下，所有图案填充原点都对应于当前的 UCS 原点，也可以选择"指定的原点"单选钮，以及设置下面一级的选项重新指定原点，如图 3-10-7 所示。

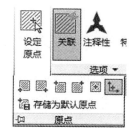

图 3-10-7 "原点"选项组

2."渐变色"选项卡

渐变色是指从一种颜色到另一种颜色的平滑过渡。渐变色能产生光的视觉感受，可为图形添加视觉立体效果。单击该选项卡，其中各选项含义如下。

①"渐变色 1"选钮 ：指定两种渐变色中的第一种。

②"渐变色"选钮 ：启用或禁用双色渐变色填充的选项。

③"渐变明暗"选钮 ：启用或禁用单色明暗渐变的选项。

④渐变方式：在"渐变色"选项卡中有 9 个渐变方式样板，包括线形、球形、抛物线形等方式，如图 3-10-8 所示。

⑤"角度"选项：在该下拉列表框中选择的角度为渐变色倾斜的角度。

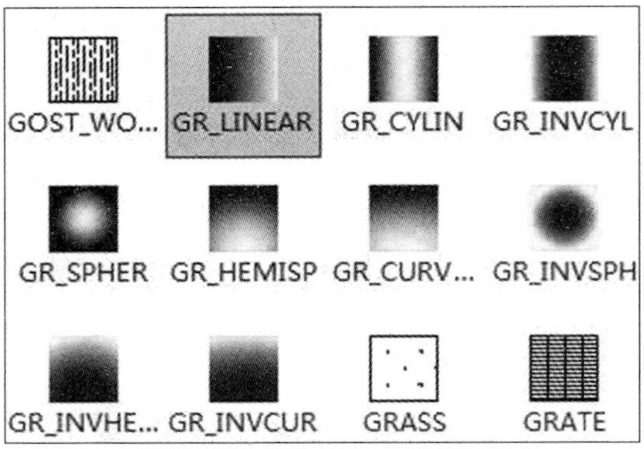

图 3-10-8 "渐变方式"选项卡

3."边界"选项组

①"拾取点"按钮：以拾取点的方式自动确定填充区域的边界。在填充的区域内任意拾取一点，系统会自动确定包围该点的封闭填充边界，并且高亮度显示，如图 3-10-9 所示。

②"选择"按钮：以选择对象的方式确定填充区域的边界，可以根据需要选择构成填充区域的边界。同样，被选择的边界也会以高亮度显示。

图 3-10-9 "边界"选项组

③"删除"按钮：从边界定义中删除以前添加的任何对象。

④"边界保留"选项组：指定是否将边界保留为对象，并确定应用于这些对象的对象类型是多段线还是面域。

⑤"重新创建"按钮：对选定的图案填充或填充对象创建多段线或面域。

⑥"查看选择集"按钮：查看填充区域的边界。单击该按钮，AutoCAD 系统临时切换到作图状态，将所选的作为填充边界的对象以高亮度显示。只有通过"添加：拾取点"按钮或"添加：选择对象"按钮选择填充边界，"查看选择集"按钮才可以使用。

4."选项"选项组

①"注释性"按钮：此特性会自动完成缩放注释过程，从而使注释能够以正确的大小在图纸上打印或显示。

②"关联"按钮：用于确定填充图案与边界的关系。选中该按钮，则填充的图案与

填充边界保持关联关系，即图案填充后，当用夹点功能对边界进行拉伸等编辑操作时，系统会根据边界的新位置重新生成填充图案。

③"创建独立的图案填充"按钮：当指定了几个独立的闭合边界时，控制是创建单个图案填充对象，还是多个图案填充对象，如图 3-10-10 所示。

④"外部孤岛检测"下拉列表框如下所述。

普通孤岛检测：从图案填充拾取点指定的区域开始向内自动填充孤岛。

图 3-10-10　"选项"选项组

外部孤岛检测：相对于图案填充拾取的位置，仅填充外部图案，即填充边界和任何内部孤岛之间的区域。

忽略孤岛检测：从外部的图案填充边界开始向内填充，忽略任何内部对象。

⑤"置于边界之后"下拉列表框：指定图案填充的绘图顺序。图案填充可以置于所有其他对象之后、所有其他对象之前、图案填充边界之后或图案填充边界之前。

⑥"特性匹配"按钮如下所述。

"使用当前原点"：使用选定图案填充特性，图案填充原点除外。

"用源图案填充原点"：此按钮的作用是使用选定图案填充对象的特性设置图案填充特性，包括图案填充原点。

⑦"允许的间隙"选项组如下所述。

设置将对象用作图案填充边界时可以忽略的最大间隙。默认值为 0，此值要求对象必须是封闭区域而没有间隙。

➔ 实践活动

No.1　绘制图形

参考本项目任务五，不再赘述。

No.2　图案填充

①单击"图案填充"按钮▨，弹出"图案填充创建"选项卡，如图 3-10-11 所示。

图 3-10-11　"图案填充创建"选项卡

②在"图案"选项板中选择"ANSI31"，如图 3-10-12 所示。

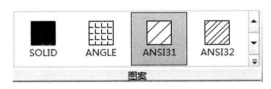

图 3-10-12　选择填充图案

③在"特性"栏中修改"比例"为"0.1"；在"边界"栏中单击"拾取点"，如图 3-10-13 所示。

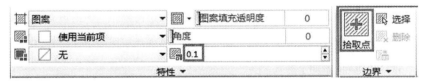

图 3-10-13　确定比例与填充边界

④拾取所有需要填充的封闭区域，如图 3-10-14 所示。

⑤按回车键，填充完成，如图 3-10-15 所示。

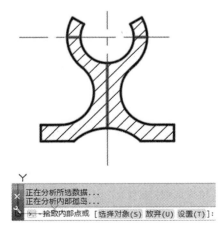

图 3-10-14　拾取填充边界

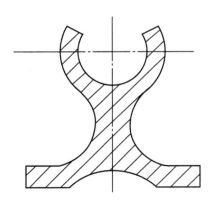

图 3-10-15　完成填充

➡ **专业对话**

谈一谈你对图案填充功能的理解。

➡ **任务评价**

考核标准见表 3-10-1。

表 3-10-1 考核标准

序号	检测内容	检测项目	分值	要求	学生自评得分	教师评价得分
1	图案填充	会确定图案边界	15	操作正确无误		
2		会检测孤岛	15			
3		会使用渐变色	15			
4		会使用边界集	15			
5	知识运用	运用所学知识按要求完成操作	20	操作正确无误		
6	安全规范	使用正确的方法启动、关闭计算机	10	按照要求操作		
7		注意安全用电规范，防止触电	10			
				合计		

➡ **拓展活动**

一、选择题

1. 默认情况下填充图案样式为（　　　）。

A. ANGLE　　　　B. ANSI31　　　　C. SOLID　　　　D. DOTS

2. 如果填充的图案过密或过疏，应该设置填充图案的（　　　）参数。

A. 比例　　　　B. 角度　　　　C. 填充方式　　　　D. 图案类型

3. 渐变填充是在（　　　）使用过渡。

A. 两种颜色的不同灰度之间

B. 一种颜色的不同灰度之间或两种颜色之间

C. 两种颜色之间

D. 两种颜色的不同灰度之间或两种颜色之间

4. 哪一个命令可自动地将包围指定点的最近区域定义为填充边界？（   ）

A. BHATCH   B. BOUNDARY   C. HATCH   D. PTHATCH

5. 图案填充操作中，（   ）。

A. 只能单击填充区域中任意一点来确定填充区域

B. 所有填充样式都可以调整比例和角度

C. 图案填充可以和原来轮廓线关联或者不关联

D. 图案填充只能一次生成，不可以编辑修改

6. 图案填充有下面几种图案的类型供用户选择？（   ）（多选）

A. 预定义   B. 用户定义   C. 自定义   D. 历史记录

二、上机实践

1. 绘制"小房子"，并按图 3-10-16 所示的图案进行填充。

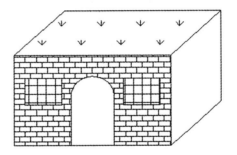

图 3-10-16　上机实践图一

2. 绘制图 3-10-17 所示的图形，并按图中填充图案进行填充。

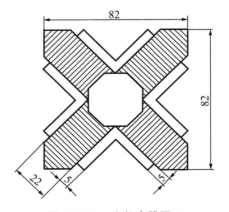

图 3-10-17　上机实践图二

项目四

编辑图形对象

➔ 项目导航

AutoCAD 2019 提供了丰富的二维图形编辑命令，利用这些命令可以对二维图形对象进行编辑，以提高绘图效率。本项目主要介绍常用编辑命令的使用方法，主要包括阵列、修剪、复制、旋转、缩放、偏移、镜像、拉伸、延伸、打断、创建倒角和圆角等。

➔ 学习要点

1. 理解倒角、圆角、修剪、旋转、阵列、镜像、缩放、偏移、复制、打断、分解、拉伸、延伸、移动、拉长、合并、对齐和夹点命令的相关概念。

2. 会熟练运用倒角和圆角命令编辑图形。

3. 会熟练运用修剪、旋转、阵列、镜像和缩放等命令编辑图形。

4. 会熟练运用偏移、复制、打断和分解命令绘制图形。

5. 会熟练运用拉伸、延伸和移动命令绘制图形。

6. 会熟练运用拉长、合并和对齐命令编辑图形。

7. 会熟练运用夹点对对象进行拉伸、移动、旋转、镜像和缩放编辑。

任务一　阵列与修剪

任务目标

1. 掌握环形阵列和矩形阵列的操作方法。

2. 会对图形对象进行修剪。

任务描述

采用阵列、修剪、删除等命令，将图 4-1-1(a)编辑成图 4-1-1(b)。

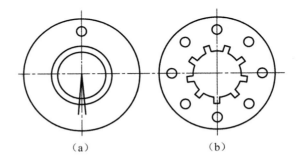

（a）　　　　　　　　　　（b）

图 4-1-1　项目四任务一

学习活动

一、阵列

命令：ARRAY。在菜单中选择"修改"|"阵列"，或在"修改"面板中单击"阵列"按钮 ⊞。阵列分矩形阵列、环形阵列和路径阵列三种。

1. 矩形阵列

矩形阵列：可以以矩形阵列的方式复制对象。"矩形阵列"对话框如图 4-1-2 所示。

图 4-1-2　"矩形阵列"对话框

"列数"：设置矩形阵列的列数。

"行数"：设置矩形阵列的行数。

"介于"：设置阵列的行间距或列间距。

"关联"：控制是否创建关联阵列对象。

"基点"：重定义阵列的基点。

2. 环形阵列

环形阵列：可以以环形阵列方式复制对象。"环形阵列"对话框如图 4-1-3 所示。

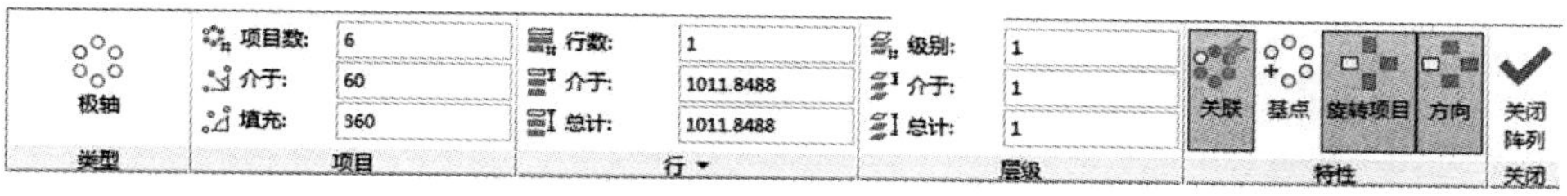

图 4-1-3 "环形阵列"对话框

"项目数"：设置环形阵列的个数。

"行数"：设置环形阵列的行数。

"介于"：设置项目间的角度。

"填充"：设置阵列第一项与最后一项之间的角度。

"关联"：控制是否创建关联阵列对象。

"基点"：重定义基点和阵列中夹点的位置。

"旋转项目"：控制在阵列项目时是否旋转项目。

"方向"：控制阵列是按顺时针方向还是逆时针方向复制项目。

3. 路径阵列

路径阵列：可以以某一路径复制对象。"路径阵列"对话框如图 4-1-4 所示。

图 4-1-4 "路径阵列"对话框

"项目数"：设置阵列的个数。

"行数"：设置阵列的行数。

"介于"：设置项间距。

"关联"：控制是否创建关联阵列对象。

"基点"：重定义基点。允许重新定位相对于路径曲线起点的阵列的第一个项目。

"切线方向"：指定相对于路径曲线的第一个项目的位置。允许指定与路径曲线的起始方向平行的两个点。

"定距等分"：编辑路径时通过夹点或"特性"选项板编辑项目数时，保持当前项目间距。

"对齐项目"：指定是否对齐每个项目以与路径方向相切。对齐相对于第一个项目的方向。

"Z 方向"：控制是保持项目的原始 Z 方向还是沿三维路径倾斜项目。

二、 修剪

命令：TRIM。在菜单中选择"修改"｜"修剪"，或在"修改"面板中单击"修剪"按钮 。

在 AutoCAD 2019 中，可以作为剪切边的对象有直线、圆弧、圆、椭圆或椭圆弧、多段线、样条曲线、构造线、射线以及文字等。剪切边也可以同时作为被剪边。在默认情况下，选择要修剪的对象（即选择被剪边），系统将以剪切边为界，将被剪切对象上位于拾取点一侧的部分剪切掉。如果按下 Shift 键，同时选择与修剪边不相交的对象，修剪边将变为延伸边界，将选择的对象延伸至与修剪边界相交。该命令提示中主要选项的功能如下。

"投影（P）"选项：可以指定执行修剪的空间，主要应用于三维空间中两个对象的修剪，可将对象投影到某一平面上执行修剪操作。

"边（E）"选项：选择该选项时，命令行显示"输入隐含边延伸模式［延伸（E）不延伸（N）］＜不延伸＞"提示信息。如果选择"延伸（E）"选项，当剪切边太短而且没有与被修剪对象相交时，可延伸修剪边，然后进行修剪；如果选择"不延伸（N）"选项，只有当剪切边与被修剪对象真正相交时，才能进行修剪。

"放弃（U）"选项：取消上一次的操作。

三、 删除

命令：ERASE。在菜单中选择"修改"｜"删除"，或在修改面板中单击"删除"按钮 。

调用删除命令，命令行显示"选择对象："，可以选择单个对象，也可采用窗口或窗交方式选择多个对象，然后按回车键，完成删除操作。

⊕实践活动

No.1　修剪

①执行菜单栏中的"修改"|"修剪"✂️命令，命令行提示选择对象（即选择剪切边），拾取中间的圆，如图 4-1-5 所示。

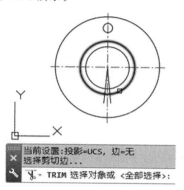

图 4-1-5　选择剪切边

②命令行中提示选择修剪对象（即需要被剪掉的线），分别单击两段线段，修剪后如图 4-1-6 所示。

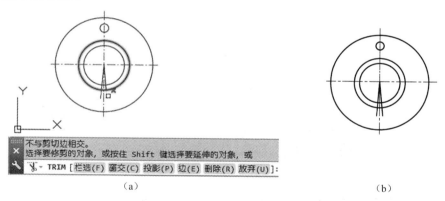

（a）　　　　　　　　　　　　　　（b）

图 4-1-6　选择修剪对象

③运用相同的修剪方法将图形中多余线修剪掉，如图 4-1-7 所示。

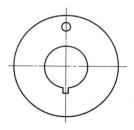

图 4-1-7　完成修剪

No.2　环形阵列

④执行菜单栏中的"修改"｜"阵列"命令，命令行中提示选择对象（即需要被阵列的对象），光标拾取需要被阵列的线段，如图 4-1-8 所示。

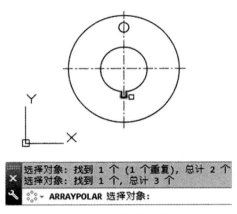

图 4-1-8　选择阵列对象

⑤右击，命令行中提示指定阵列中心，拾取大圆圆心，如图 4-1-9 所示。

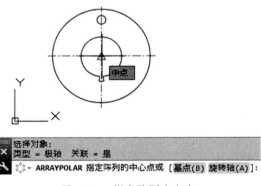

图 4-1-9　指定阵列中心点

⑥在"阵列创建"｜"项目"中将"项目数"改为"9"，如图 4-1-10 所示。按回车键，阵列完成，如图 4-1-11 所示。

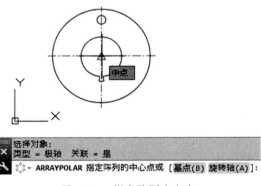

图 4-1-10　确定阵列项目数

⑦运用相同的阵列方法将图中小圆阵列并修剪多余线段，完成编辑如图 4-1-12 所示。

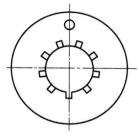
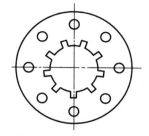

图 4-1-11　完成阵列　　　　图 4-1-12　任务完成

➔ **专业对话**

谈一谈你对阵列与修剪命令的理解和认识。

➔ **任务评价**

考核标准见表 4-1-1。

表 4-1-1　考核标准

序号	检测内容	检测项目	分值	要求	学生自评得分	教师评价得分
1	阵列与修剪	删除图形	20	操作正确无误		
2		对对象进行环形阵列	20			
3		修剪的操作	20			
4	知识运用	运用所学知识按要求完成操作	20	操作正确无误		
5	安全规范	使用正确的方法启动、关闭计算机	10	按照要求操作		
6		注意安全用电规范，防止触电	10			
				合计		

➔ **拓展活动**

一、选择题

1. 创建 10 行、20 列边长为 50 的矩形用哪种方法最合理？（　　　）

A. 复制　　　　　B. 环形阵列　　　　　C. 矩形阵列　　　　　D. 多重复制

2. 不能应用修剪命令"TRIM"进行修剪的对象是（　　　）。

A. 圆弧　　　　　B. 圆　　　　　C. 直线　　　　　D. 文字

3. 阵列命令有以下几种复制形式? ( )(多选)

A. 矩形阵列 B. 环形阵列 C. 样条阵列 D. 路径阵列

二、上机实践

1. 运用修剪和阵列等命令将图 4-1-13(a)编辑成图 4-1-13(b)。

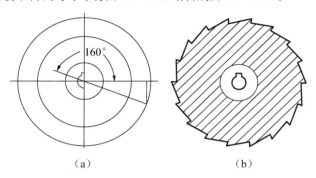

（a） （b）

图 **4-1-13** 上机实践图一

2. 运用阵列与修剪等命令绘制图 4-1-14 中的图形。

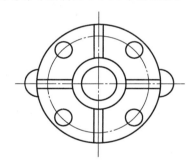

图 **4-1-14** 上机实践图二

3. 运用阵列与修剪等命令绘制图 4-1-15 中的图形，不需标注。

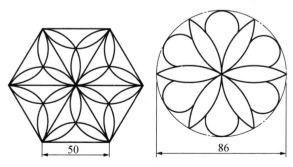

图 **4-1-15** 上机实践图三

4. 运用阵列与修剪等命令绘制图 4-1-16 中的图形，不需标注。

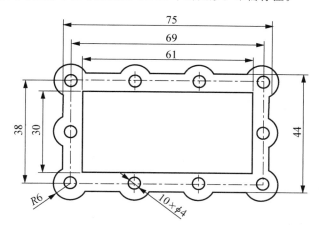

图 4-1-16 上机实践图四

→ 课外拓展

中国传统文化剪纸最早起源于春秋战国时期，那时造纸术还没有发明，人们就运用各种能够镂刻的材料，如在竹片、树皮、皮革、金箔上进行雕刻，随着造纸术的发明，剪纸艺术得到了蓬勃发展。

运用本节课学习的阵列命令能够轻松绘制出各种剪纸的图样，可以说是对中华传统文化的继承和发扬，正如党的二十大报告中提到的"中华优秀传统文化源远流长、博大精深，是中华文明的智慧结晶，其中蕴含的天下为公、民为邦本、为政以德、革故鼎新、任人唯贤、天人合一、自强不息、厚德载物、讲信修睦、亲仁善邻等，是中国人民在长期生产生活中积累的宇宙观、天下观、社会观、道德观的重要体现，同科学社会主义价值观主张具有高度契合性。我们必须坚定历史自信、文化自信，坚持古为今用、推陈出新"，当代青年学生就应在不断学习中将中华传统文化发扬光大。

任务二 延伸与镜像

➔ **任务目标**

1. 掌握延伸命令的操作方法。

2. 掌握镜像命令的操作方法。

➔ **任务描述**

用延伸、镜像、修剪等命令，将图 4-2-1(a)编辑成图(b)，不需标注。

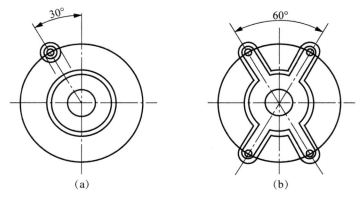

图 4-2-1 任务图

➔ **学习活动**

一、 延伸

命令：EXTEND。在菜单中选择"修改"|"延伸"，或在"修改"面板中单击"延伸"按钮 ⇥。执行该命令，可以延长指定的对象与另一对象相交或外观相交。

延伸命令和修剪命令的使用方法相似，不同之处在于：使用延伸命令时，如果在按下 Shift 键的同时选择对象，则执行修剪命令；使用修剪命令时，如果在按下 Shift 键的同时选择对象，则执行延伸命令。

二、 镜像

命令：MIRROR。在菜单中选择"修改"|"镜像"，或在"修改"面板中单击"镜像"按钮 ⚠，可以将对象以镜像线对称复制。

执行"镜像"命令时，需要选择要镜像的对象，然后依次指定镜像线上的两个端点，命令行将显示"要删除源对象吗？［是（Y）否（N）]＜否＞:"提示信息。如果直接按回车键，则镜像复制对象，并保留原来的对象；如果输入 Y，则在镜像复制对象的同时删除源对象。

（→）**实践活动**

No. 1　延伸

①执行菜单栏中的"修改"│"延伸"⟶┆命令，命令行提示选择对象（即选择延伸到的边），拾取中间的大圆，如图 4-2-2 所示。

②右击，命令行提示选择对象（即需要延伸的对象），拾取直线段，按回车键，直线即延伸完成，如图 4-2-3 所示。

③用相同的方法将左边的线段延伸至里面的圆上，如图 4-2-4 所示。

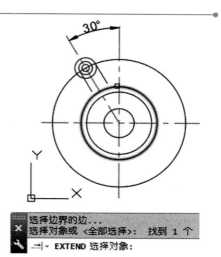

图 4-2-2　选择延伸到的边

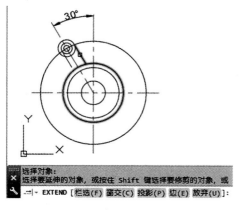

图 4-2-3　选择需要延伸的对象

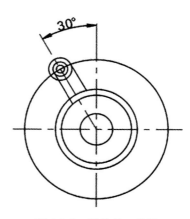

图 4-2-4　延伸另一线段

No. 2　镜像

④执行菜单栏中的"修改"│"镜像"命令 ◮，命令行提示"选择对象"（即需要镜像的对象），拾取直线段，如图 4-2-5 所示。

⑤右击，命令行提示"指定镜像线的第一点"（即对称轴上的一点），运用对象捕捉

功能，拾取中心线上的一点，如图 4-2-6 所示。

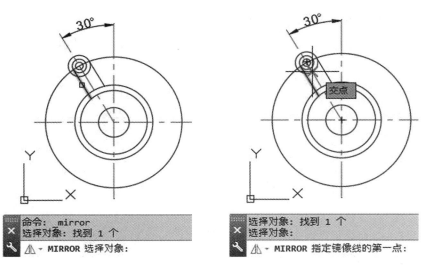

图 4-2-5 选择需要镜像的对象   图 4-2-6 指定镜像线的第一点

⑥命令行提示"指定镜像线的第二点"（即对称轴上的另外一点），运用对象捕捉功能，拾取中心线上的另外一点，如图 4-2-7 所示。

⑦命令行提示"要删除源对象吗?"，选择"否"，按回车键，镜像完成，如图 4-2-8 所示。

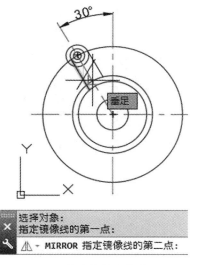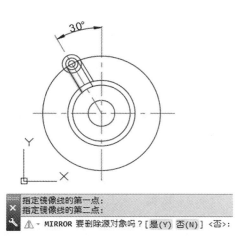

图 4-2-7 指定镜像线的第二点   图 4-2-8 是否删除源对象选项

⑧用相同的方法将另外一条直线段镜像至另一边，如图 4-2-9 所示。

No. 3   修剪、镜像

⑨将图中多余曲线修剪掉，分别镜像，再修剪，完成图形，如图 4-2-10 所示。

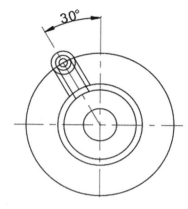

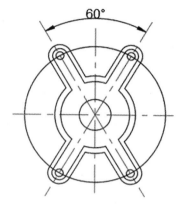

图 4-2-9   镜像另一条直线段   图 4-2-10   任务完成

→ **专业对话** ————————————————————————

谈一谈你对延伸与镜像命令的认识。

→ **任务评价** ————————————————————————

考核标准见表 4-2-1。

表 4-2-1   考核标准

序号	检测内容	检测项目	分值	要求	学生自评得分	教师评价得分
1	延伸与镜像	启动软件	20	操作正确无误		
2		延伸的操作	20			
3		镜像的操作	20			
4	知识运用	运用所学知识按要求完成操作	20	操作正确无误		
5	安全规范	使用正确的方法启动、关闭计算机	10	按照要求操作		
6		注意安全用电规范，防止触电	10			
			合计			

→ **拓展活动**

一、选择题

1. 如果想把直线、弧和多线段的端点延长到指定的边界，则应该使用哪个命令？（　　）

A. EXTEND　　　　B. PEDIT　　　　C. FILLET　　　　D. ARRAY

2. 绘制轴对称图形适合运用哪个命令？（　　）

A. 复制　　　　B. 镜像　　　　C. 旋转　　　　D. 移动

3. 当用镜像命令对文本进行镜像操作时，如果想让文本具有可读性，应将变量 MIRRTEXT 的值设置为（　　）。

A. 0　　　　B. 1　　　　C. 2　　　　D. 3

二、上机实践

1. 运用延伸、镜像和修剪等命令将图 4-2-11(a)编辑成图 4-2-11(b)。

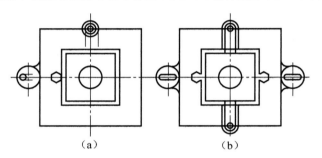

（a）　　　　　　　　　（b）

图 **4-2-11**　上机实践图一

2. 运用镜像等命令绘制图 4-2-12，不需标注。

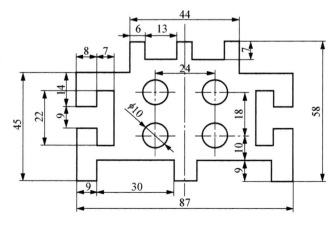

图 **4-2-12**　上机实践图二

偏移、复制、打断

→ **任务目标**

1. 掌握偏移命令的操作方法。

2. 掌握复制命令的操作方法。

3. 掌握打断命令的操作方法。

→ **任务描述**

运用偏移、复制、打断、分解等命令绘制图 4-3-1，不需标注。

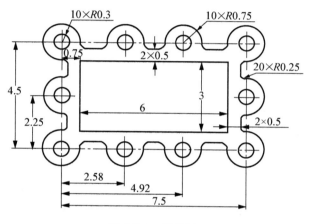

图 4-3-1 任务图

→ **学习活动**

一、偏移

命令：OFFSET。在菜单中选择"修改"│"偏移"，或在"修改"面板中单击"偏移"按钮☰，可调用该命令。该命令可以对指定的直线、圆弧、圆等对象进行同心偏移复制。

执行偏移命令时，命令行提示：

```
命令：_offset
当前设置：删除源=否    图层=源    OFFSETGAPTYPE=0
☰▾ OFFSET 指定偏移距离或 [通过(T) 删除(E) 图层(L)] <通过>：
```

提示中各选项的含义及操作方法如下。

1. 指定偏移距离

根据偏移距离偏移复制对象。根据提示输入偏移的距离值，在要偏移的一侧任意确定一点，即可完成偏移。

2. 通过（T）

使偏移得到的对象通过指定的点。先选择要偏移的对象，再指定通过点，完成偏移。

3. 删除（E）

执行偏移命令后，删除源对象。

4. 图层（L）

确定将偏移对象创建在当前图层上，还是创建在源对象所在的图层上。选择"图层（L）"选项后，选择"当前（C）"选项则将偏移对象创建在当前图层上，选择"源（S）"选项将偏移对象创建在源对象所在的图层上。

说明：

①执行偏移命令后，只能以直接拾取的方式选择对象，而且在一次偏移操作中只能选择一个对象。

②如果使用给定偏移距离的方式偏移对象，距离值必须大于零。

③对不同对象执行偏移命令，结果不同，其中：对圆弧进行偏移后，新圆弧与旧圆弧有同样的包含角，但新圆弧的长度与旧圆弧不同；对圆或椭圆进行偏移后，新圆与旧圆或者新椭圆与旧椭圆有同样的圆心，但新圆的半径或新椭圆的轴长将发生相应的变化；对线段、构造线、射线进行偏移操作，实际为平行复制。

二、 复制

命令：COPY。该命令将选定的对象复制到指定的位置。在菜单中选择"修改"|"复制"，或在"修改"面板中单击"复制"按钮 🔁，可调用该命令。

执行复制命令，命令行提示：

```
命令：_copy
选择对象：找到 1 个
选择对象：
当前设置： 复制模式 = 多个
指定基点或 [位移(D)/模式(O)] <位移>：
```

各选项的含义及操作方法如下。

1. 指定基点

确定复制基点，为默认选项。指定基点后，再根据提示指定第二个点，Auto-CAD 将所选对象按由两点确定的位移复制到指定位置。

2. 位移(D)

根据位移量复制对象。选择该选项，命令行提示"指定位移"，根据提示输入位移量，AutoCAD 将所选择对象按对应的位移量进行复制。例如，完成图 4-3-2 所示的复制，操作方法如下。

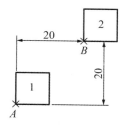

图 **4-3-2**　根据位移量复制对象示例

①调用命令 ，根据命令行提示"选择对象"，单击矩形 1。

②根据命令行提示"指定基点或［位移(D)/模式(O)］＜位移＞"，直接按回车键。

③根据命令行提示"指定位移"，输入第二点相对于第一点的相对坐标"20，20"，完成复制。

3. 模式(O)

选择复制模式。执行"模式(O)"选项后，选择"单个(S)"选项表示执行复制命令后只能对选择的对象执行一次复制操作；"多个(M)"选项表示可以对所选择的对象执行多次复制操作。AutoCAD 默认选项为"多个(M)"。

三、　打断

命令：BREAK。打断命令可部分删除对象或把对象分解成两部分，还可使用"打断于点"将对象在一点处断开成两个对象。

1. 打断对象

单击"修改"｜"打断"命令 。默认情况下，以选择对象时的拾取点作为第一个断点，需要指定第二个断点。如果直接选取对象上的另一点或者在对象的一端之外拾取一点，将删除对象上位于两个拾取点之间的部分，如图4-3-3所示。

图 4-3-3　打断对象

在确定第二个打断点时，如果在命令行输入@，可以使第一个、第二个断点重合，从而将对象一分为二。如果对圆、矩形等封闭图形使用打断命令，AutoCAD将沿逆时针方向把第一个断点到第二个断点之间的那段圆弧或直线删除。

2. 打断于点

在"功能区"｜"修改"选项板中单击"打断于点"按钮，可以将对象在一点处断开成两个对象，它是从"打断"命令中派生出来的。执行该命令时，需要选择要被打断的对象，然后指定打断点，即可从该点打断对象。

⊙ 实践活动

No.1　新建图层

①分别设置红色中心线层、粗实线层。方法同前，不再赘述。

②在中心线层绘制垂直的两条中心线，注意线型比例。

No.2　偏移

③在中心线图层下，单击"直线"命令，绘制两条相交的中心线，如图4-3-4所示。

图 4-3-4　绘制中心线

④单击"修改"工具栏，根据命令行提示指定偏移距离，输入"2.58"，如图4-3-5所示。

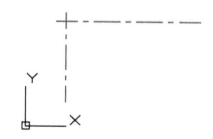

图 4-3-5 指定偏移距离

⑤根据命令行提示选择偏移对象，选择垂直中心线，如图 4-3-6 所示。

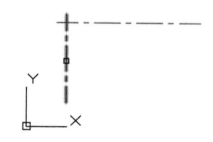

图 4-3-6 选择偏移对象

⑥根据命令行提示指定偏移侧的点，在选中的中心线右侧单击，完成偏移，效果如图 4-3-7 所示。

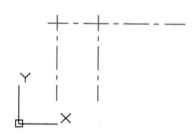

图 4-3-7 完成偏移

⑦根据相同的方法，将其余的中心线依次完成偏移，效果如图4-3-8所示。

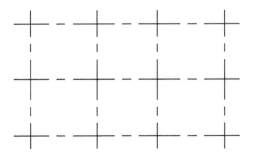

图 4-3-8   偏移其余中心线

No. 3   打断

⑧单击"修改"工具栏，根据命令行提示选择对象，单击中心线上一点，系统默认此点即第一个打断点，如图4-3-9所示。

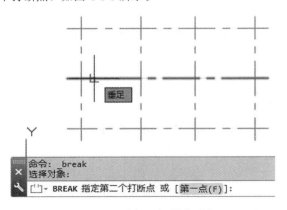

图 4-3-9   选择需打断的对象

⑨根据命令行提示，指定第二个打断点，打断完成，如图4-3-10所示。

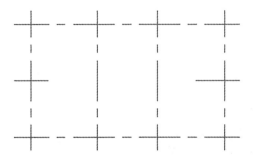

图 4-3-10   指定第二个打断点

⑩根据相同的方法，将其余的中心线依次打断，效果如图 4-3-11 所示。

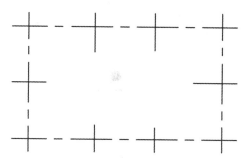

图 **4-3-11** 打断其余中心线

No. 4 绘制矩形

⑪根据尺寸，利用偏移中心线找到长方形的一个角点，如图 4-3-12 所示。

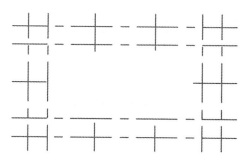

图 **4-3-12** 偏移中心线

⑫运用"直线"命令绘制矩形，如图 4-3-13 所示。

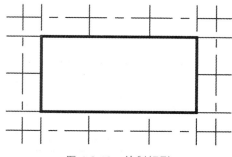

图 **4-3-13** 绘制矩形

No. 5 偏移矩形

⑬运用"偏移"命令将长方形四条边向外偏移 0.5，如图 4-3-14 所示。

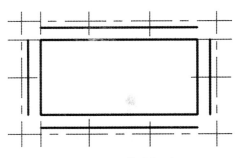

图 4-3-14 偏移矩形

No. 6 绘制同心圆

⑭以中心线交点为圆心，绘制一组同心圆，并将多余中心线删除，如图 4-3-15 所示。

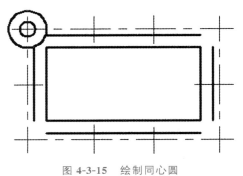

图 4-3-15 绘制同心圆

No. 7 复制同心圆

⑮单击"修改"工具栏命令，根据命令行提示选择对象，单击同心圆，右击确认，如图 4-3-16 所示。

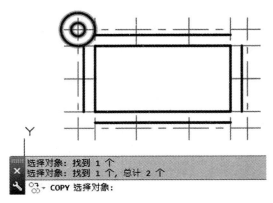

图 4-3-16 选择复制对象

⑯根据命令行提示指定基点，拾取圆心，如图 4-3-17 所示。

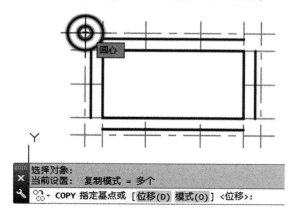

图 **4-3-17**　指定复制基点

⑰根据命令行提示指定第二点，移动到需要的位置单击，复制完成，如图 4-3-18 所示。

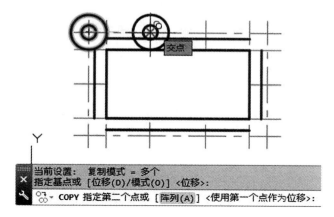

图 **4-3-18**　复制一个圆

⑱依次在需要的位置单击，复制完成，效果如图 4-3-19 所示。

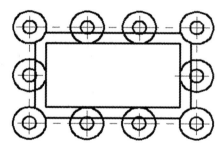

图 **4-3-19**　完成复制

No. 8　圆角

⑲将圆与直线段相交处都作 $R0.25$ 的圆角(详见项目四任务七),并修剪,图形完成,如图 4-3-20 所示。

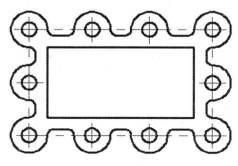

图 4-3-20　倒圆角

专业对话

对于偏移、复制、打断命令的使用你掌握了吗?你能应用到实际绘图中吗?

任务评价

考核标准见表 4-3-1。

表 4-3-1　考核标准

序号	检测内容	检测项目	分值	要求	学生自评得分	教师评价得分
1	偏移、复制、打断	偏移的操作	20	操作正确无误		
2		复制的操作	20			
3		打断的操作	20			
4	知识运用	运用所学知识按要求完成操作	20	操作正确无误		
5	安全规范	使用正确的方法启动、关闭计算机	10	按照要求操作		
6		注意安全用电规范,防止触电	10			
				合计		

→ **拓展活动** ──────────────────────────────

一、填空题

1. 在 AutoCAD 中创建一个圆与已知圆同心，可以使用哪个修改命令?(　　)。

A. 阵列　　　　　B. 复制　　　　　C. 偏移　　　　　D. 镜像

2. 偏移命令前，必须先设置(　　)。

A. 比例　　　　　B. 圆　　　　　C. 距离　　　　　D. 角度

3. 下列对象执行"偏移"命令后，大小和形状保持不变的是(　　)。

A. 椭圆　　　　　B. 圆　　　　　C. 圆弧　　　　　D. 直线

4. 图形的复制命令主要包括(　　)。(多选)

A. 直接复制　　　B. 镜像复制　　　C. 阵列复制　　　D. 偏移复制

5. 在 AutoCAD 中，可以创建打断的对象有圆、直线、射线和以下哪几种对象?
(　　)(多选)

A. 圆弧　　　　　B. 构造线　　　　C. 样条曲线　　　D. 多段线

二、上机实践

用偏移、复制、打断等命令绘制图 4-3-21。图中所有三角形均为等边三角形。

图 4-3-21 上机实践图

任务四 拉伸、移动、缩放 ──────────────────

→ **任务目标** ──────────────────────────────

1. 掌握拉伸命令的操作方法。

2. 掌握移动命令的操作方法。

3. 掌握缩放命令的操作方法。

→ **任务描述** ————————————————————————————

将图 4-4-1 中的(a)图编辑成(b)图：使用拉伸命令使 a 点与 b 点重合，使用移动命令使 d 点与 b 点在同一水平线上，圆 c 放大为原来的 2 倍。

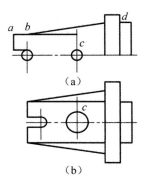

图 4-4-1　任务图

→ **学习活动** ————————————————————————————

一、拉伸

命令：STRETCH。单击菜单"修改"｜"拉伸" ，或在"修改"选项板中单击"拉伸"按钮 ，可调用该命令。执行该命令，AutoCAD 提示：

> 命令：_stretch
> 以交叉窗口或交叉多边形选择要拉伸的对象...
> ▾ STRETCH 选择对象：

在"选择对象："提示下选择对象时，如果直线或圆弧的整个对象均位于选择窗口内，执行结果是对其进行移动。若对象的一端位于选择窗口内，另一端位于选择窗口外，即对象与选择窗口的边界相交，则需要遵循以下拉伸规则。

①线段：位于选择窗口内的端点不移动，位于选择窗口外的端点移动。

②圆弧：与直线类似，但在圆弧的改变过程中，圆弧的弦高保持不变，并由此调整圆心位置。

③多段线：与直线或圆弧相似，但多段线两端的宽度、切线方向以及曲线的拟合信息均不改变。

④其他对象：如果对象的定义点位于选择窗口内，对象将发生移动，否则不发生

移动。其中，圆的定义点为圆心，块的定义点为块插入点，文字和属性定义的定义点
为字符串的位置定义点。

拉伸效果如图 4-4-2 所示。

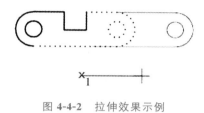

图 4-4-2 拉伸效果示例

二、移动

命令：MOVE。单击菜单"修改"｜"移动"✛，或在"修改"选项板中单击"移动"
按钮✛，可调用该命令。该命令可以在指定方向上按指定距离移动对象，对象的位
置发生了改变，但对象的方向和大小不改变。

选择要移动的对象，指定移动的基点和位移矢量，可将对象移动到指定位置。

三、缩放

命令：SCALE。单击菜单"修改"｜"缩放"▱，或在"修改"选项板中单击"缩放"
按钮▱，可调用该命令。该命令可以将对象按指定的比例因子相对于基点进行尺寸
缩放。先选择对象，然后指定基点，命令行将显示"指定比例因子或［复制（C）参照
（R）］＜1.0000＞："提示信息。如果直接指定缩放的比例因子，对象将根据该比例因
子相对于基点缩放，当比例因子大于 0 而小于 1 时，缩小对象，当比例因子大于 1
时，放大对象；如果选择"参照（R）"选项，对象将按参照的方式缩放，需要依次输入
参照长度的值和新的长度值，AutoCAD 根据参照长度与新长度的值自动计算比例因
子（比例因子＝新长度值/参照长度值），然后进行缩放，如图 4-4-3 所示。

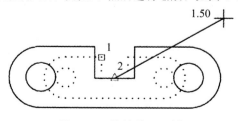

图 4-4-3 缩放效果示例

实践活动 ————————————————————————————————————•

No.1 拉伸

①单击"修改"工具栏"拉伸"命令 ⍀，根据命令行提示选择对象，必须利用窗交方式选择对象，从右下方向左上方拾取。

注意：需要移动的图线必须全部位于交叉窗口内，如图4-4-4所示。

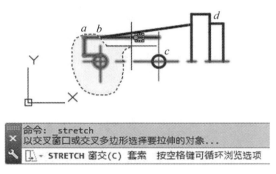

图4-4-4 选择拉伸对象

②右击以确定选择对象，根据命令行提示"指定基点"，拾取图形端点 a，如图4-4-5所示。

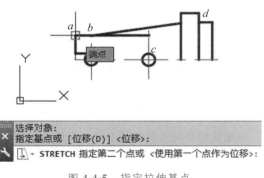

图4-4-5 指定拉伸基点

③根据命令行提示"指定第二个点"，拉伸到需要的位置 b 点，如图4-4-6(a)所示，单击，拉伸完成，效果如图4-4-6(b)所示。

④单击"修改"工具栏"拉伸"命令 ⍀，根据命令行提示选择对象，从右向左选择水平线段的右端，如图4-4-7所示。

⑤右击，根据命令行提示"指定基点"，拾取线段右端点，如图4-4-8所示。

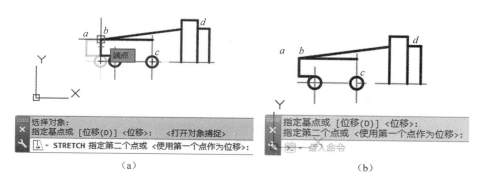

（a）　　　　　　　　　　（b）

图 4-4-6　完成拉伸

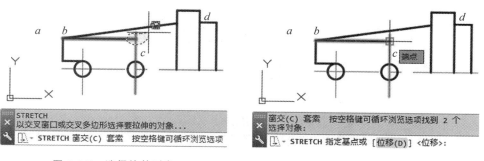

图 4-4-7　选择拉伸对象　　　　　图 4-4-8　指定拉伸基点

⑥根据命令行提示"指定第二个点"，光标移动至所需位置单击，如图 4-4-9
所示。

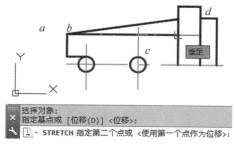

图 4-4-9　完成拉伸

No.2　移动

⑦单击"修改"工具栏"移动"命令✛，根据命令行提示选择对象，选中图形，右
击确认，如图 4-4-10 所示。

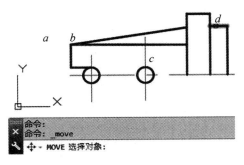

图 4-4-10　选择移动对象

⑧根据命令行提示"指定基点"，拾取 *d* 点，如图 4-4-11 所示。

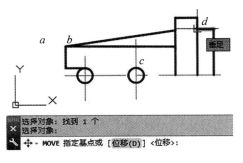

图 4-4-11　指定移动基点

⑨根据命令行提示"指定第二个点"，将光标拖动到需要的位置，如图 4-4-12(a)所示，单击，移动完成，如图 4-4-12(b)所示。

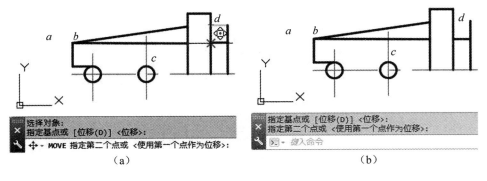

（a）　　　　　　　　　　　（b）

图 4-4-12　完成移动

No.3　缩放

⑩单击"修改"工具栏"缩放"命令⬚，根据命令行提示选择对象，选中图形，右击确认，如图 4-4-13 所示。

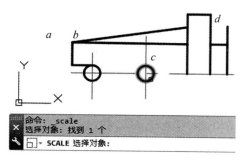

图 4-4-13 选择缩放对象

⑪根据命令行提示"指定基点"，拾取圆心，如图 4-4-14 所示。

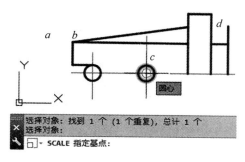

图 4-4-14 指定缩放基点

⑫根据命令行提示"指定比例因子"，输入"2"，按回车键，缩放完成，如图 4-4-15 所示。

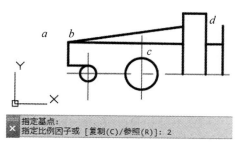

图 4-4-15 指定缩放比例因子

No.4 修剪、镜像

⑬运用修剪、镜像功能将图形编辑完成，如图 4-4-16 所示。

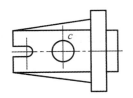

图 4-4-16　修剪、镜像图形

⊙ **专业对话**

对于拉伸、移动、缩放命令的使用你掌握了吗？你能将它们灵活应用到实际绘图中吗？

⊙ **任务评价**

考核标准见表 4-4-1。

表 4-4-1　考核标准

序号	检测内容	检测项目	分值	要求	学生自评得分	教师评价得分
1	拉伸、移动、缩放	拉伸的操作	20	操作正确无误		
2		移动的操作	20			
3		缩放的操作	20			
4	知识运用	运用所学知识按要求完成操作	20	操作正确无误		
5	安全规范	使用正确的方法启动、关闭计算机	10	按照要求操作		
6		注意安全用电规范，防止触电	10			
				合计		

⊙ **拓展活动**

一、选择题

1. 用缩放命令"SCALE"缩放对象时，（　　）。

A. 必须指定缩放倍数　　　　B. 可以不指定缩放基点

C. 必须使用参照方式　　　　D. 可以在三维空间缩放对象

2. 拉伸命令"STRETCH"拉伸对象时，不能（   ）。

A. 把圆拉伸为椭圆   B. 把正方形拉伸成长方形

C. 移动对象特殊点   D. 整体移动对象

3. 按比例改变图形实际大小的命令是（   ）。

A. OFFSET   B. ZOOM   C. SCALE   D. STRETCH

4. 改变图形实际位置的命令是（   ）。

A. ZOOM   B. MOVE   C. PAN   D. OFFSET

5. 使用"STRETCH"命令时，若所选对象全部在交叉窗口内，则拉伸实体等同于下面哪个命令？（   ）

A. EXTEND   B. LENGTHEN   C. MOVE   D. ROTATE

6. 下面哪个命令用于把单个或多个对象从它们的当前位置移至新位置，且不改变对象的尺寸和方位？（   ）

A. ARRAY   B. COPY   C. MOVE   D. ROTATE

7. 在对圆弧执行"拉伸"命令时，（   ）在拉伸过程中不改变。

A. 弦高   B. 圆弧   C. 圆心位置   D. 终止角度

8. 对以下（   ）对象执行"拉伸"命令无效。（多选）

A. 多段线宽度   B. 矩形   C. 圆   D. 三维实体

二、上机实践

1. 使用拉伸、修剪、镜像等命令将图 4-4-17 中的（a）图编辑成（b）图。b、c 两点经编辑后与 a 点在同一水平线上。

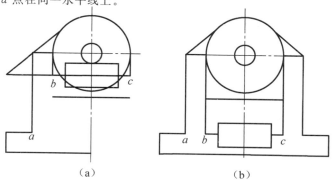

（a）   （b）

图 4-4-17 上机实践图一

2. 使用拉伸、阵列、图案填充、修剪等命令将图 4-4-18 中的(a)图编辑成(b)图，其中填充图案为 SOLID。

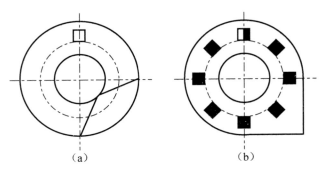

图 4-4-18　上机实践图二

3. 绘制如图 4-4-19 所示的图形，不需标注。

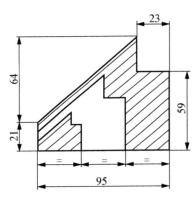

图 4-4-19　上机实践图三

任务五　编辑多段线与分解

➡ 任务目标

1. 掌握编辑多段线的方法。

2. 掌握分解命令的使用方法。

➡ 任务描述

使用编辑多段线命令将图 4-5-1 中的(a)图编辑为(b)图，其中多段线的线宽为 2，然后使用分解命令将其分解。

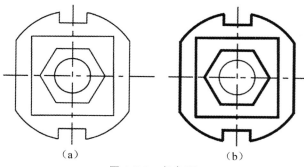

图 4-5-1 任务图

→ 学习活动 ────────────────────

一、 编辑多段线

命令：PEDIT。执行菜单栏中的"修改"│"对象"│"多段线" ，可调用该命令。使用该命令可以进行移动、插入顶点和修改任意两点间的线的线宽等操作，具体操作如下。

1. 合并(J)

以选中的多段线为主体，合并其他直线段、圆弧或多段线，使其成为一条多段线。能合并的条件是各段线的端点首尾相连，如图 4-5-2 所示。

图 4-5-2 "合并"操作

2. 宽度(W)

修改整条多段线的线宽，使其具有同一线宽，如图 4-5-3 所示。

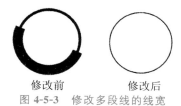

图 4-5-3 修改多段线的线宽

3. 编辑顶点(E)

选择该项后，在多段线起点处出现一个斜的十字叉"×"，它为当前顶点的标记，如图 4-5-4 所示。

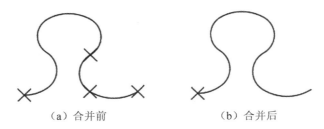

（a）合并前　　　　　　　　　（b）合并后

图 4-5-4　编辑多段线的顶点

4. 拟合(F)

将指定的多段线生成由光滑圆弧连接而成的圆弧拟合曲线，该曲线经过多段线的各顶点，如图 4-5-5 所示。

（a）直线　　　　　　　　　　（b）拟合曲线

图 4-5-5　拟合多段线

5. 样条曲线(S)

以指定的多段线的各顶点作为控制点生成样条曲线，如图 4-5-6 所示。

（a）直线　　　　　　　　　　（b）拟合曲线

图 4-5-6　生成样条曲线

6. 非曲线化(D)

用直线代替指定的多段线中的圆弧。对于选择"拟合(F)"选项或"样条曲线(S)"选项后生成的圆弧拟合曲线或样条曲线，则删去其生成曲线时新插入的顶点，恢复成由直线段组成的多段线，如图 4-5-7 所示。

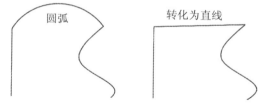

图 4-5-7 "非曲线化"操作

7. 线型生成(L)

当多段线的线型为点画线时，控制多段线的线型生成方式开关。选择此项，系统提示如下：

✐ ～ PEDIT 输入多段线线型生成选项 [开(ON) 关(OFF)] <关>：

选择"开（ON）"时，将在每个顶点处允许以短画开始或结束生成线型，选择"关（OFF）"时，将在每个顶点处允许以长画开始或结束生成线型，如图 4-5-8 所示。

"线型生成"不能用于包含带变宽线段的多段线。

（a）打开线型生成　　　　　　　　（b）关闭线型生成

图 4-5-8 "线型生成"显示效果

二、 分解

命令：EXPLODE。执行菜单栏中的"修改"|"分解" ，可调用该命令。该命令可以将复合对象分解为其部件对象。

在希望单独修改复合对象的部件时，可分解复合对象。可以分解的对象包括多段线、尺寸、图案填充、图块等。

对不同对象，具有不同的分解后的效果。

①二维多段线：分解后为直线段或圆弧段，丢失相应的宽度和切线方向信息。对于宽多线段，分解后的直线段或圆弧段位于其宽度方向的中间位置。

②尺寸：分解为段落文本、直线、区域填充和点。

③图案填充：分解为组成图案的一条条线段。

④图块：分解为组成块的多个图元对象。

➡ 实践活动 ————————————————————————————————●

No.1　绘图

①运用基本绘图命令绘制图 4-5-9 所示的图形。

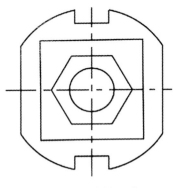

图 4-5-9　绘制图形

No.2　编辑多段线

②选择菜单栏中的"修改"｜"对象"｜"多段线" ，命令行提示"选择多段线"，输入"M"后按回车键，如图 4-5-10 所示。

图 4-5-10　选择"多条(M)"选项

（a）　　　　　　　　　　　　（b）

图 4-6-2 "拉长"示例一

①单击"拉长" ✎ 命令，根据命令行提示选择对象，单击线段，系统将显示线段的当前长度 100。

②根据命令行提示 ，选择"增量（DE）"。

③根据命令行提示"输入长度增量"，输入"100"。

④根据命令行提示选择对象，即拾取线段需要增长的一端，如图 4-6-2（a）所示，拉长为 200，效果如图 4-6-2（b）所示。

说明：用相同的方法可以拉长圆弧的长度或角度。

2. 百分数拉长

百分数拉长：通过指定对象总长度的百分数设定对象长度。

①单击"拉长" ✎ 命令，根据命令行提示选择对象，单击线段，系统将显示线段的当前长度 100。

②根据命令行提示，选择"百分数（P）"。

③根据命令行提示"输入长度百分数"，输入"200"，即当前长度的 200％。

④根据命令行提示选择对象，即拾取线段需要增长的一端，如图 4-6-2（a）所示，拉长为 200，效果如图 4-6-2（b）所示。

3. 全部拉长

全部拉长：指定变化后的总长度。

①单击"拉长" ✎ 命令，根据命令行提示选择对象，单击线段，系统将显示线段的当前长度 100。

②根据命令行提示，选择"全部（T）"。

③根据命令行提示"输入总长度"，输入"300"，即拉长后的长度。

④根据命令行提示选择对象，即拾取线段需要增长的一端，如图 4-6-3（a）所示，拉长为 300，效果如图 4-6-3（b）所示。

（a）　　　　　　　　　　　（b）

图 4-6-3 "拉长"示例二

二、 合并

命令：JOIN。单击菜单栏中的"修改"｜"合并" ➞ ，可调用该命令。该命令可以将相似对象合并成一个完整的对象。

①多段线：对象可以是直线、多段线或圆弧。对象之间不能有间隙，并且必须位于与 UCS 的 XY 平面平行的同一平面上。

②圆弧：对象必须位于同一假想的圆上，但是它们之间可以有间隙。"闭合"选项可将源圆弧转换成圆。合并两条或多条圆弧时，将从源对象开始按逆时针方向合并。

③椭圆弧必须位于同一椭圆上，但是它们之间可以有间隙。"闭合"选项可将源椭圆弧闭合成完整的椭圆。合并两条或多条椭圆弧时，将从源对象开始按逆时针方向合并。

三、 对齐

命令：ALIGN。单击菜单栏中的"修改"｜"对齐" ，可调用该命令。该命令可以使当前对象与其他对象对齐，它既适用于二维对象，也适用于三维对象。

在对齐二维对象时，可以指定 1 对或 2 对对齐点(源点和目标点)，在对齐三维对象时，则需要指定 3 对对齐点，如图 4-6-4 所示。

在对齐对象时，如果命令行显示"是否基于对齐点缩放对象？[是(Y)否

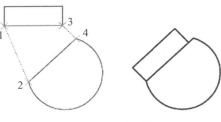

图 4-6-4　对齐对象

(N)]＜否＞:"提示信息，选择"否(N)"选项，则对象改变位置，且对象的第一源点与第一目标点重合，第二源点位于第一目标点与第二目标点的连线上，即对象先平移后旋转；选择"是(Y)"选项，则对象除平移和旋转外，还基于对齐点进行缩放。由此可见，"对齐"命令是"移动"命令和"旋转"命令的组合。

⊙ 实践活动 ━━━━━━━━━━━━━━━━━━━━━━━━━━━━━●

No.1　合并

①单击"修改"工具栏中的"合并"按钮 ➞ ，根据命令行提示选择源对象，单击圆

二、上机实践

使用合并、对齐等命令将图 4-6-15 的（a）图编辑成（b）图。

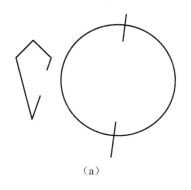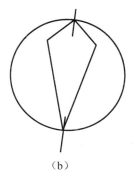

（a）　　　　　　　　　　　（b）

图 4-6-15　上机实践图

任务七　倒角、圆角

➡ 任务目标

1. 会对图形进行倒角编辑。

2. 会对图形进行圆角编辑。

➡ 任务描述

绘制图 4-7-1 所示图形，用倒角命令创建 $2 \times 45°$ 的倒角，用圆角命令创建 $R4$ 的圆角，不需标注。

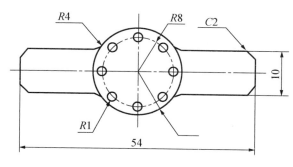

图 4-7-1　任务图

→ **学习活动** ——————————————————————————●

一、倒角

命令：CHAMFER。单击"修改"｜"倒角" ⟋ 命令，可调用该命令，倒角命令各命令选项使用方法如下。

1. 指定角度倒角

指定角度倒角：由第一直线的倒角距和倒角角度确定。

①单击"修改"工具栏倒角命令 ⟋ ，根据命令行提示选择"角度（A）"。

②根据命令行提示，输入第一个倒角距离"2"。

③根据命令行提示，输入第一个倒角角度"30"。

④根据命令行提示，选择第一条直线，光标单击水平线。

⑤根据命令行提示，选择第二条直线，光标单击垂线，倒角完成，如图 4-7-2 所示。

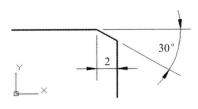

图 4-7-2　指定角度倒角

2. 不修剪倒角

不修剪倒角：倒角后的原线段被保留。

①单击"修改"工具栏倒角命令 ⟋ ，根据命令行提示选择"修剪（T）"。

②根据命令行提示，选择"不修剪"输入"N"。

③根据命令行提示，选择第一条直线，光标单击水平线。

图 4-7-3　不修剪倒角

④根据命令行提示，选择第二条直线，光标单击垂线，倒角完成，如图 4-7-3 所示。

3. 多段线倒角

多段线倒角：在二维多段线的直角边间倒角。

①单击"修改"工具栏倒角命令，根据命令行提示选择"多段线（P）"。

②根据命令行提示，光标单击绘图区域中用多段线命令绘制的图形，倒角完成，如图 4-7-4 所示。

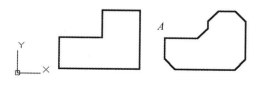

图 4-7-4 多段线倒角

说明：若图形是以"闭合"方式进行的封闭，多段线的各个转折处均会产生倒角。对于用对象捕捉功能封闭的多段线在最后转折处不产生倒角，如图 4-7-4 顶点 A 处。

4. 方式

方式：选择距离或是角度方法倒角。

5. 多个

多个：一次命令可连续倒多个角。

二、 圆角

命令：FILLET。其使用方法与倒角的用法相似，在命令行提示中，选择"半径（R）"选项，即可设置圆角的半径。

➔ 实践活动 ────────────────────────────●

No.1 绘制图形

①使用基本绘图命令绘制图 4-7-5。

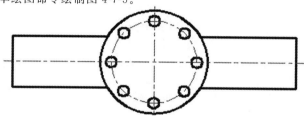

图 4-7-5 绘制图形

No.2　创建倒角

②单击"修改"工具栏 ⟋，先确定倒角距离，选择"距离（D）"选项。根据命令行提示，指定第一个倒角距离"2"，第二个倒角距离"2"，如图 4-7-6 所示。

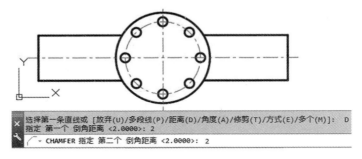

图 4-7-6　指定倒角距离

③选择被倒角的第一条直线，光标单击图示的粗实线，如图 4-7-7 所示。

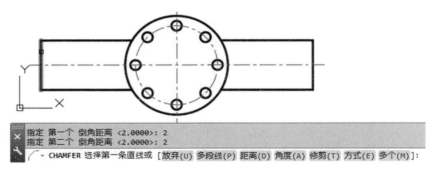

图 4-7-7　选择第一条直线

④根据命令行提示，选择被倒角的第二条直线，光标单击图示的粗实线，倒角完成，如图 4-7-8 所示。

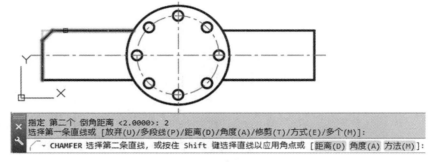

图 4-7-8　选择第二条直线

⑤使用相同的方法，将其余的倒角编辑完成，如图 4-7-9 所示。

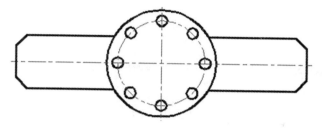

图 **4-7-9**　完成倒角

No.3　创建圆角

⑥单击"修改"工具栏 ，先确定圆角半径，选择"半径（R）"，再输入"4"，如图 4-7-10 所示。

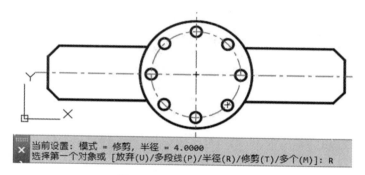

图 **4-7-10**　指定圆角半径

⑦根据命令行提示，选择圆角第一个对象，光标单击绘图区域中的粗实线，如图 4-7-11 所示。

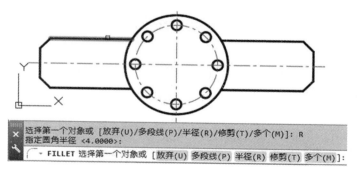

图 **4-7-11**　选择第一个对象

⑧根据命令行提示，选择圆角第二个对象，光标单击绘图区域中的大圆，圆角完成，如图4-7-12所示。

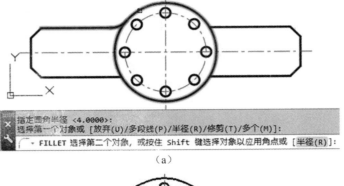

（a）

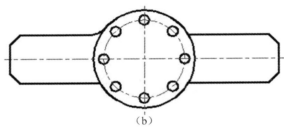

（b）

图 4-7-12　选择第二个对象

⑨使用相同的方法，将其余的圆角编辑完成，如图4-7-13所示。

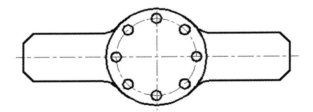

图 4-7-13　完成圆角

🔶 **专业对话**

对于圆角和倒角的使用你掌握了吗？零件上为什么要做倒角和圆角呢？

🔶 **任务评价**

考核标准见表4-7-1。

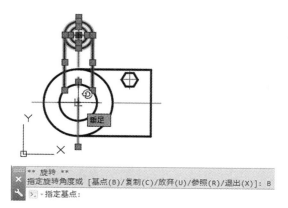

图 4-8-6 指定旋转基点

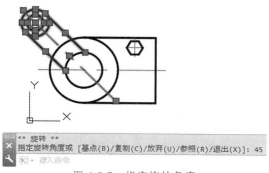

图 4-8-7 指定旋转角度

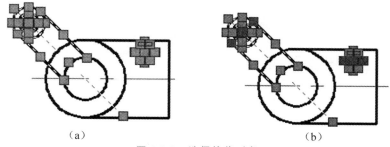

（a） （b）

图 4-8-8 选择镜像对象

⑪放开 Shift 键，重新拾取任一热点，命令行出现拉伸提示。

⑫按回车键四次，拉伸提示变为镜像提示。这时需要重新拾取基点，在命令行选择"基点（B）"，单击水平中心线上一点，如图 4-8-9 所示。

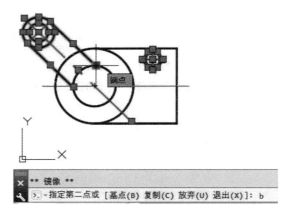

图 4-8-9　指定镜像线第一点

⑬在命令行选择"复制(C)",根据提示指定第二点,单击水平中心线上另一点,如图 4-8-10 所示,按回车键,完成镜像,如图 4-8-11 所示。

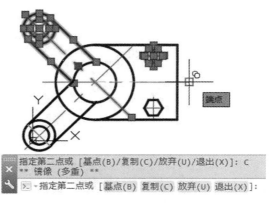

图 4-8-10　指定镜像线第二点

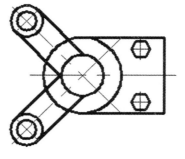

图 4-8-11　完成镜像

No.4　拉伸

⑭拾取需要被拉伸的对象，温点出现，如图 4-8-12(a)所示。

⑮按住 Shift 键拾取对象上的热点，为了移动小六边形，需要将六边形及其中心线的温点全部拾取为热点，如图 4-8-12(b)所示。

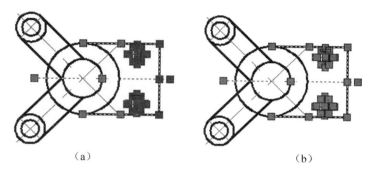

　　　　　（a）　　　　　　　　　　　　　　　　　　（b）

图 4-8-12　选择拉伸对象

⑯放开 Shift 键，重新拾取任一热点，命令行出现拉伸提示，如图 4-8-13 所示。

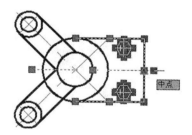

图 4-8-13　指定拉伸基点

⑰移动光标，将图形拉伸到需要的位置，单击该处，如图 4-8-14 所示，拉伸完成效果如图 4-8-15 所示。

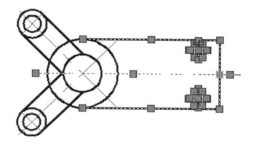

图 4-8-14　拉伸图形

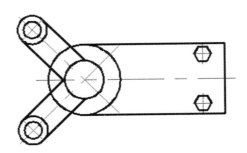

图 4-8-15　完成拉伸

No.5　缩放

⑱拾取需要被缩放的对象，温点出现，如图 4-8-16(a)所示。

⑲拾取对象上的热点，如图 4-8-16(b)所示。

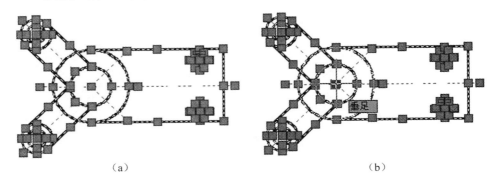

　　(a)　　　　　　　　　　　　　　　　　　　(b)

图 4-8-16　选择缩放对象

⑳按回车键三次，拉伸提示变为缩放提示。在命令行指定比例因子"1.5"，缩放
完成，如图 4-8-17 所示。

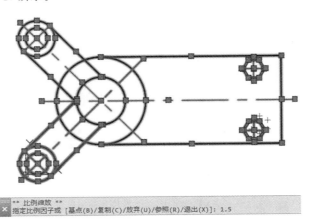

** 比例缩放 **
指定比例因子或 [基点(B)/复制(C)/放弃(U)/参照(R)/退出(X)]: 1.5

图 4-8-17　完成缩放

专业对话 ————————————————————————————————○

对于夹点功能的运用你都掌握了吗？夹点功能可以在什么情况下运用？

任务评价 ————————————————————————————————○

考核标准见表 4-8-1。

表 4-8-1　考核标准

序号	检测内容	检测项目	分值	要求	学生自评得分	教师评价得分
1	运用夹点功能进行移动、旋转、镜像、拉伸、缩放操作	运用夹点进行移动的操作	12	操作正确无误		
2		运用夹点进行旋转的操作	12			
3		运用夹点进行镜像的操作	12			
4		运用夹点进行拉伸的操作	12			
5		运用夹点进行缩放的操作	12			
6	知识运用	运用所学知识按要求完成操作	20	操作正确无误		
7	安全规范	使用正确的方法启动、关闭计算机	10	按照要求操作		
8		注意安全用电规范，防止触电	10			
				合计		

拓展活动 ————————————————————————————————○

一、选择题

1. 设置"夹点"大小及颜色是在"选项"对话框中的（　　）选项卡中。

A. 打开和保存　　　B. 系统　　　　　C. 显示　　　　　D. 选择

2. 下列命令中（　　）不属于状态栏辅助功能。

A. 对象追踪　　　B. 对象捕捉　　　C. 夹点编辑　　　D. 线宽显示设置

3. 夹点编辑模式可分为（　　）。（多选）

A. STRETCH 模式　　　　　　　B. MOVE 模式

C. ROTATE 模式　　　　　　　D. MIRROR 模式

二、上机实践

运用倒角、修剪命令以及夹点编辑中的移动、旋转、镜像等功能将图 4-8-18 中的 (a)图编辑成(b)图。其中倒角距离均为正方形边长一半。

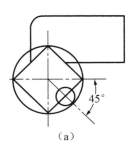 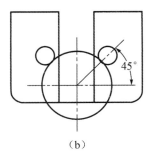

（a） （b）

图 4-8-18 上机实践图

项目五

文本标注

⊙ 项目导航

　　本项目主要介绍 AutoCAD 2019 的文字标注功能。文字标注是工程图中必不可少的内容。AutoCAD 2019 提供了文字样式设置命令以及标注文字的单行文字和多行文字命令。

⊙ 学习要点

　　1. 会根据需要对文字的样式进行设置。

　　2. 会根据题目要求正确标注单行及多行文字。

　　3. 会对文字进行编辑。

任务一　创建文字样式

⊙ 任务目标

会对文字的样式进行设置。

⊙ 任务描述

　　建立名为"工程图"的工程制图用文字样式，字体采用仿宋体，常规字体样式，字高 10 mm，宽度比例为 0.707。

⊙ **学习活动** ———————————————————————————————•

　　文字样式说明标注文字时所采用的字体以及其他设置，如字高、字体及文字标注方向等。AutoCAD 2019 提供的默认文字样式为 Standard。当使用 AutoCAD 标注文字时，如果系统提供的文字样式不能满足制图标准或用户的要求，首先应定义文字样式。

　　单击"格式"菜单中的"文字样式"，弹出文字样式对话框，如图 5-1-1 所示。

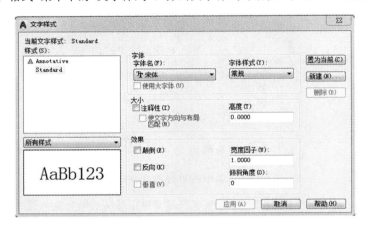

图 **5-1-1** "文字样式"对话框

　　"文字样式"对话框中的各选项功能如下。

　　1."当前文字样式"标签

　　显示当前文字样式的名称。如图 5-1-1 所示当前的文字样式为 Standard，是 AutoCAD 2019 提供的默认文字标注样式。

　　2."样式"列表框

　　该列表框中提供了当前已定义的文字样式。

　　3. 样式列表过滤器

　　位于"样式"列表框下方的下拉列表框为样式列表过滤器，用于确定要在"样式"列表框中显示的文字样式。列表提供了"所有样式"和"正在使用的样式"两种样式供用户选择。

　　4. 预览框

　　显示与所设置或选择的文字样式对应的文字标注预览图像。

5.“字体”选项组

确定文字样式采用的字体。用户可以通过“字体名”下拉列表框选择所需字体；如果选中“使用大字体”复选框（只有通过“字体名”下拉列表框选择某些字体后，“使用大字体”复选框才能有效），“字体”选项组如图 5-1-2 所示。通过此选项组可以分别确定 SHX 字体和大字体。SHX 字体是通过形文件定义的字体。形文件是 AutoCAD 用于定义字体或符号库的文件，大字体是用来指定亚洲语言（包括简、繁体汉语，日语或韩语等）使用的大字体文件。

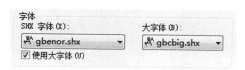

图 5-1-2　“字体”选项组

6.“大小”选项组

指定文字的高度。可以直接在“高度”文本框中输入高度值。如果将文字高度设为 0，当使用“单行文字”命令标注文字时，AutoCAD 会提示“指定高度：”，即要求用户设定文字的高度；如果在“高度”文本框中输入具体的高度值，AutoCAD 将按此高度标注文字，使用“单行文字”命令标注文字时不再提示“指定高度：”。“注释性”复选框：选中该复选框后，会在“样式”列表框中的对应样式名前显示图标 Ａ，表示该样式属于注释性文字样式。

7.“效果”选项组

设置字体的特征参数，如是否颠倒、反向、垂直显示，以及字的宽高比、倾斜角度等。

“颠倒”：选择此复选项，文字将上下颠倒显示，该选项仅影响单行文字，如图 5-1-3 所示。

AutoCAD 2019　　　　　ＶＵ⊥ＯＣＶＤ ５０Ｉ６
　（a）关闭“颠倒”选项　　　　　　　（b）打开“颠倒”选项

图 5-1-3　“颠倒”选项显示效果

“反向”：选择此复选项，文字将首尾反向显示，该选项仅影响单行文字，如

图 5-1-4 所示。

AutoCAD 2019

（a）关闭"反向"选项

（b）打开"反向"选项

图 5-1-4 "反向"选项显示效果

"垂直"：选择此复选项，文字将沿竖直方向排列，如图 5-1-5 所示。

AutoCAD

（a）关闭"垂直"选项

（b）打开"垂直"选项

图 5-1-5 "垂直"选项显示效果

"宽度因子"：用于确定所标注文字字符的宽高比。默认的宽度因子为 1。若输入小于 1 的数值，则文字将变窄，输入大于 1 的数值，文字变宽，如图 5-1-6 所示。

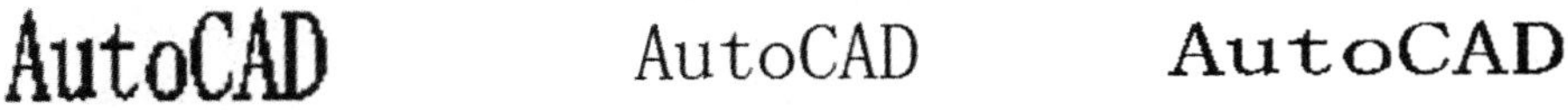

AutoCAD

（a）宽度因子为1

AutoCAD

（b）宽度因子为0.7

AutoCAD

（c）宽度因子为1.5

图 5-1-6 使用不同宽度因子标注文字

"倾斜角度"：用于确定文字的倾斜角度。角度值为正向右倾斜，角度值为负向左倾斜，如图 5-1-7 所示。

AutoCAD 2019

（a）倾斜角度为30°

AutoCAD 2019

（b）倾斜角度为-30°

图 5-1-7 使用不同倾斜角度标注文字

8."置为当前"按钮

在"样式"列表框中将选中的样式置为当前样式。当需要以已有的某一文字样式标注文字时，应首先将该样式设为当前样式。此外，利用"样式"工具栏中的"文字样式控制"下拉列表框，可以方便地将某一文字样式设为当前样式。

9.“新建”按钮

创建新文字样式。

10.“删除”按钮

删除某一文字样式。

⊙ 实践活动 —————————————————————————

①执行菜单栏中的“格式”|“文字样式”，弹出“文字样式”对话框，如图 5-1-8
所示。

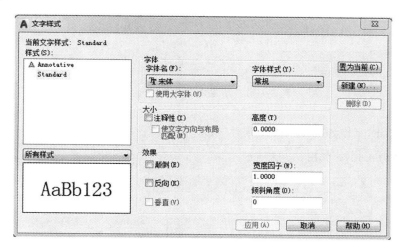

图 **5-1-8** “文字样式”对话框

②单击 新建(N)... 按钮，弹出“新建文字样式”对话框，如图 5-1-9 所示。

图 **5-1-9** “新建文字样式”对话框

③将默认的样式名“样式 1”修改为“工程图”，如图 5-1-10 所示。

图 **5-1-10** 修改文字样式名

④单击 确定 按钮，再次弹出"文字样式"对话框，此时，出现"工程图"文字样式，且"工程图"为当前文字样式，如图 5-1-11 所示。

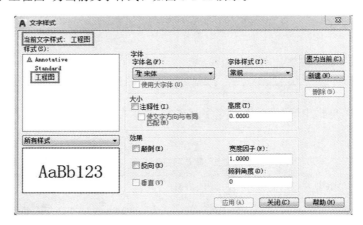

图 5-1-11 新建文字样式"工程图"

⑤单击"字体名"下拉菜单，选择"仿宋"，将文字"高度"更改为 10，将"宽度因子"更改为 0.707，如图 5-1-12 所示。

图 5-1-12 设置"字体""高度""宽度因子"

⑥单击 应用(A) 按钮，再单击 关闭(C) 按钮，至此完成操作。

专业对话

按照制图国家标准，应该怎样设置文字样式？

任务评价

考核标准见表 5-1-1。

表 5-1-1　考核标准

序号	检测内容	检测项目	分值	要求	学生自评得分	教师评价得分
1	创建文字样式	新建文字样式	10	操作正确无误		
2		设置字体	10			
3		设置字高	10			
4		设置宽度因子	10			
5		设置效果	10			
6	知识运用	运用所学知识按要求完成操作	20	操作正确无误		
7	安全规范	使用正确的方法启动、关闭计算机	15	按照要求操作		
8		注意安全用电规范，防止触电	15			
				合计		

拓展活动

一、选择题

1. 下面哪一类字体是中文字体？（　　）

A. gbenor. shx　　　B. gbeitc. shx　　　C. gbcbig. shx　　　D. txt. shx

2. 创建文字样式可以利用以下哪些方法？（　　）（多选）

A. 在命令行中输入"STYLE"后按回车键，在打开的对话框中创建

B. 选择菜单命令"格式"｜"文字样式"后，在打开的对话框中创建

C. 直接在文字输入时创建

D. 可以随时创建

3. 在正常输入汉字时显示"?"，是什么原因？（　　）

A. 文字样式没有设定好　　　　　　　B. 输入错误

C. 堆叠字符　　　　　　　　　　　　D. 字高太高

二、上机实践

定义文字样式，要求如表 5-1-2 所示（其余设置均采用系统的默认设置）。

表 5-1-2　文字样式要求

设置内容	设置值
样式名	MYTEXTSTYLE
字体	黑体
宽度因子	0.8
字高	5
倾斜角度	15°

任务二　使用单行文字命令标注文字

➔ 任务目标

1. 会使用单行文字命令输入文字。

2. 会使用单行文字命令输入特殊符号。

➔ 任务描述

使用单行文字命令输入下列文字。

图样是工程界的一种技术语言

∅45　　60°　　100±0.2

➔ 学习活动

一、单行文字输入中的特殊字符

工程图中的许多符号都不能通过标准键盘直接输入，当使用单行文字命令创建文字时，必须输入特殊的代码来产生特定的字符。

常用代码意义及其输入示例和输出效果如表 5-2-1 所示。

表 5-2-1　常用代码意义及其输入示例和输出效果

代码	意义	输入示例	输出效果
％％o	文字上画线开关	％％oAB％％oCD	$\overline{ABCD}$
％％u	文字下画线开关	％％uAB％％uCD	$\underline{ABCD}$
％％d	度符号	45％％d	45°
％％p	正负公差符号	50％％p0.5	50±0.5
％％c	圆直径符号	％％c60	∅60

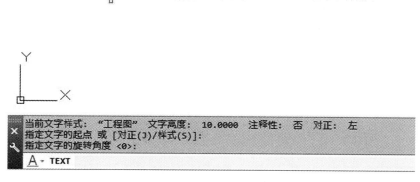

图 5-2-6 文字输入的起点

④从闪动光标处开始输入"图样是工程界的一种技术语言",如图 5-2-7 所示。

图 5-2-7 输入文字

⑤按回车键换行,再按回车键结束命令,完成文字的输入,如图 5-2-8 所示。

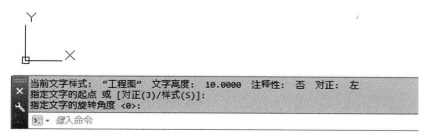

图 5-2-8 完成文字输入

No. 2 输入"ϕ45 60° 100±0.2"

⑥调用单行文字命令，指定文字的起点，指定旋转角度为0°，在闪动光标处首先输入"％％c45"，则显示"ϕ45"，如图5-2-9所示。

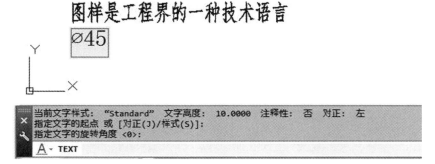

图 5-2-9 输入"ϕ45"

⑦接着输入"60％％d"，则显示"60°"，如图5-2-10所示。

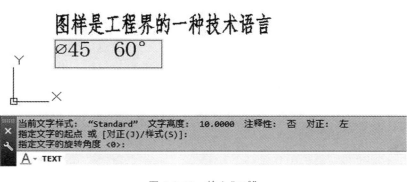

图 5-2-10 输入"60°"

⑧最后输入"100％％p0.2"，则显示"100±0.2"，如图5-2-11所示。

图 5-2-11 输入"100±0.2"

⑨按回车键换行，再按回车键结束命令，完成文字的输入，如图 5-2-12 所示。至此任务完成。

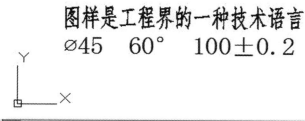

图 5-2-12　任务完成

➡ **专业对话**

谈一谈你对单行文字对齐方式的理解。

➡ **任务评价**

考核标准见表 5-2-2。

表 5-2-2　考核标准

序号	检测内容	检测项目	分值	要求	学生自评得分	教师评价得分
1	使用单行文字命令标注文字	输入简单文字	20	操作正确无误		
2		输入特殊符号	20			
3		理解文字的对正方式	20			
4	知识运用	运用所学知识按要求完成操作	20	操作正确无误		
5	安全规范	使用正确的方法启动、关闭计算机	10	按照要求操作		
6		注意安全用电规范，防止触电	10			
				合计		

→ **拓展活动** ───────────────────────────

一、选择题

1. 在进行文字标注时，若要插入"度"符号，则应输入（   ）。

A. ％％c   B. ％％d   C. ％％p   D. ％％o

2. 在设置文字样式的时候，设置了文字的高度，其效果是（   ）。

A. 在输入单行文字时，可以改变文字高度

B. 在输入单行文字时，不可以改变文字高度

C. 在输入多行文字时，不能改变文字高度

D. 都能改变文字高度

二、上机实践

1. 创建新文字样式：文字样式名为"文字"，字高为 5，字体采用 gbenor.shx，大字体采用 gbcbig.shx。

2. 创建文字样式后，使用单行文字命令标注以下文字。

> 1. 未注圆角半径 $R5$。
> 2. 未注角度 $45°$。
> 3. 未注直径 $\phi2$。

任务三　使用文字编辑器标注文字 ──────────

→ **任务目标** ───────────────────────────

1. 会使用多行文字命令输入文字。

2. 会使用多行文字命令输入特殊符号。

→ **任务描述** ───────────────────────────

使用多行文字命令在矩形框中输入下列文字。

> 安装要求：
> 1. 左右侧板安装完成后，在接缝处涂密封胶，接缝间隙 $\delta < 0.5$。
> 2. 锁紧接头型号为 SJ $\dfrac{7M}{6H}$。

→ **学习活动**

一、文字编辑器

在功能区默认选项卡中单击 ，从中选择 ![多行文字 单行文字]，即可调用多行文字命令。根据提示指定第一个角点和对角点位置，AutoCAD 显示出文字输入窗格，并在功能区显示出"文字编辑器"选项卡，如图 5-3-1 所示。

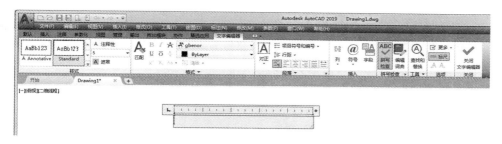

图 5-3-1 "文字编辑器"选项卡及文字输入窗格

从图 5-3-1 中可以看出，文字输入窗格由水平标尺等组成，文字编辑器由按钮和下拉列表框等组成。"文字编辑器"选项卡中主要选项的功能如下。

1. 样式列表框

该列表框中列有当前已定义的文字样式。如果有多个文字样式，可通过右侧的按钮前后翻页，通过右侧最下面的按钮能显示出全部文字样式。用户可通过该列表框选择需要采用的样式，或更改在文字编辑器中所输入的文字样式。

2. "注释性"按钮

用于确定标注的文字是否为注释性文字。

3. 文字高度下拉列表

用于设置或更改文字的高度。

4. "匹配"按钮

用于将选定文字的格式应用到相同多行文字对象中的其他字符，再次单击该按钮或按 Esc 键退出匹配模式。

5.“粗体”按钮 **B**

单击该按钮可以实现粗体与非粗体形式标注文字的切换。

6.“斜体”按钮 *I*

单击该按钮可以实现斜体与非斜体形式标注文字的切换。

7.“删除线”按钮

单击该按钮可以实现是否为文字添加删除线之间的切换。

8.“下画线”按钮 U 与“上画线”按钮 Ō

单击“下画线”按钮 U 可以在是否为文字添加下画线之间切换；单击“上画线”按钮 Ō 可以在是否为文字添加上画线之间切换。

9.“堆叠”按钮

用于实现堆叠与非堆叠之间的切换。

利用符号 /、^ 或 ♯，可以以不同的方式实现堆叠。利用堆叠功能，可以实现分数、上下偏差等形式的标注。堆叠效果的示例如图 5-3-2 所示。

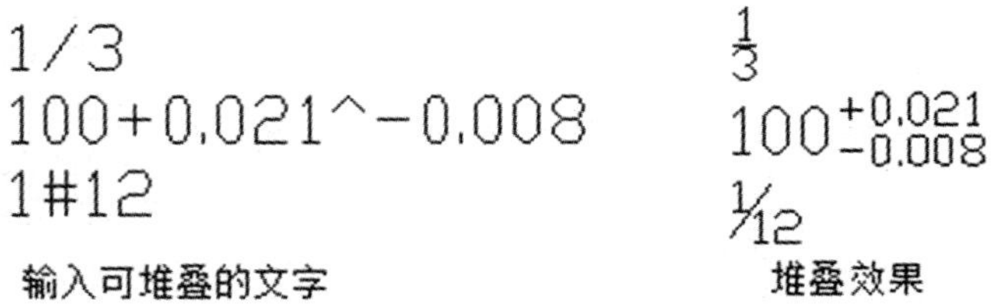

$$
\begin{array}{ll}
1/3 & \frac{1}{3} \\
100+0.021^\wedge-0.008 & 100^{+0.021}_{-0.008} \\
1\#12 & \frac{1}{12}
\end{array}
$$

输入可堆叠的文字　　　　　　　　　　堆叠效果

图 5-3-2　堆叠效果示例

堆叠标注的具体操作方法将在本任务的实践活动中详细讲解。

10.“上标”按钮 x^2 与“下标”按钮 x_2

“上标”按钮 x^2 用于将选定的文字设为上标形式或恢复正常形式，“下标”按钮 x_2 用于将选定的文字设为下标形式或恢复正常形式。

11.“改变大小写”下拉列表 Aa ▾

用于将选定的字符更改为大写或小写状态，从列表中选择即可。

12.“字体”下拉列表框 ![宋体]

用于设置或改变字体。在文字编辑器中输入文字时，可以利用此下拉列表随时改变输入文字的字体，也可以用来更改已有文字的字体。

13.“颜色”下拉列表框 ![ByLayer]

用于指定新文字的颜色或更改已有文字的颜色。

14.“对正”下拉列表 ![对正图标]

设置文字行的对正方式，在弹出的列表中进行选择即可，默认为“左上”对正。

15.“行距”下拉列表 ![行距]

设置行间距，从对应的列表中进行选择和设置即可。

16. 对齐按钮 ![对齐按钮]

设置文字行的水平对齐方式，各按钮从左到右依次为默认、左对齐、居中对齐、右对齐、对正、分散对齐等。

17. 段落设置 ![段落]

通过段落下拉列表，可实现段落合并操作。单击右侧的箭头，弹出“段落”对话框，如图 5-3-3 所示。可通过此对话框对段落进行相关设置，如制表位、缩进、段落对齐、段落间距及段落行距等属性。

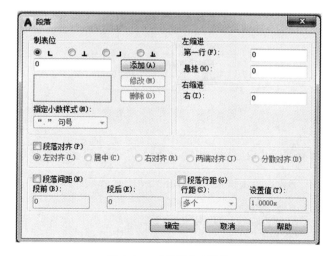

图 5-3-3　“段落”对话框

18."列"下拉列表

设置所标注文字是否分栏以及分栏的方式，从下拉列表中选择或设置即可。

19."符号"下拉列表

用于在光标位置插入符号或不间断空格。单击该按钮，弹出对应的符号列表，如图 5-3-4 所示，从中选择即可。

图 5-3-4 "符号"下拉列表

20."字段"按钮

向文字中插入字段。单击该按钮，打开"字段"对话框，如图 5-3-5 所示，从中选择需要插入到文字中的字段即可。

21."拼写检查"按钮

打开或关闭文字拼写检查功能。如果打开文字拼写检查功能，当输入的英文单词有拼写错误时，会在其下面显示红色虚线。

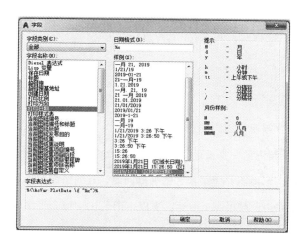

图 5-3-5 "字段"对话框

22."查找和替换"

用于实现文字的查找和替换操作。单击该按钮，弹出"查找和替换"对话框，如图 5-3-6 所示。

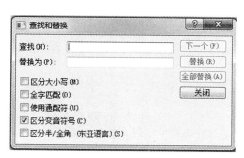

图 5-3-6 "查找和替换"对话框

23."标尺"按钮 标尺

实现在文字输入窗格中是否显示水平标尺之间的切换。

二、 编辑文字

使用 DDEDIT 命令可对文字进行编辑。执行 DDEDIT 命令后，应选择需要编辑的文字。如果选择的文字是使用单行文字命令标注的，选择文字对象后，AutoCAD 将在该文字四周显示一个方框，表示进行编辑模式，此时可以直接修改对应的文字；如果选择的文字是使用多行文字命令标注的，则 AutoCAD 会弹出与图 5-3-1 类似的文字编辑窗格，显示所选择的文字以供用户编辑，并在功能区显示出"文字编辑器"选项卡。

三、 注释性文字

实际工作中经常需要以不同的比例绘制工程图，使用 AutoCAD 软件，用户可以直接按 1：1 比例绘制图形，当通过打印机或绘图仪将图形输出时，再设置输出比例。这样，用户在绘制图形时不必考虑尺寸的换算问题，且同一幅图形可以按不同的比例多次输出。采用该方法也存在一个问题：当以不同的比例输出图形时，图形可以根据用户需要按比例缩小或放大，但其他一些内容，如文字、尺寸文字和尺寸箭头的大小等也同时按比例缩小或放大，从而可能使其中的某些内容不能满足绘图标准的要求。解决此问题的方法之一就是使用注释性对象。下面介绍注释性文字的设置与使用方法。

1. 注释性文字样式

为方便操作，用户可以专门定义注释性文字样式。注释性文字样式的定义也在"文字样式"对话框中，除按任务一介绍的方法设置样式外，还需要选中"注释性"复选框。选中该复选框后，在"样式"列表框中的对应样式名前将显示图标 ，表示该样式属于注释性文字样式。

2. 标注注释性文字

使用单行文字命令标注注释性文字时，首先应将对应的注释性文字样式设为当前样式，然后利用状态栏上的"注释比例"列表（单击状态栏上"注释比例"右侧的小箭头可打开此列表）设置比例，如图 5-3-7 所示，然后使用单行文字命令标注文字即可。

图 5-3-7 "注释比例"列表（部分）

当使用多行文字命令标注注释性文字时，可以通过单击"文字样式"工具栏上的注释性按钮 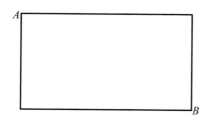，将标注的文字设置为注释性文字。

对于已标注的非注释性文字，可以通过特性窗口将其设置为注释性文字。

⟳ 实践活动 ————————————————————————————————————•

①在功能区默认选项卡中单击 [A 文字]，从中选择 [A 多行文字 / A 单行文字]，即可调用多行文字命令。命令行提示如下内容。

指定第一角点： //在 A 点处单击鼠标左键，如图 5-3-8 所示

指定对角点： //在 B 点处单击鼠标左键，如图 5-3-8 所示

②AutoCAD 显示出文字输入窗格，并在功能区显示出"文字编辑器"选项卡，在光标闪动处输入文字，如图 5-3-9 所示。

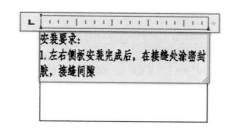

图 5-3-8 指定角点与对角点位置   图 5-3-9 输入文字

③在"文字编辑器"选项卡中单击 @符 按钮，在弹出的菜单中选择"其他"选项，弹出"字符映射表"对话框，在对话框的"字体"下拉列表中选择"Symbol"字体，然后选择需要的字符"δ"，如图 5-3-10 所示。

④单击 选择(S) 按钮，再单击 复制(C) 按钮。

⑤返回"文字编辑器"，在需要插入符号"δ"的位置单击鼠标左键，然后右击，弹出快捷菜单，选择"粘贴"选项，结果如图 5-3-11 所示。

⑥按回车键后，继续输入文字，如图 5-3-12 所示。

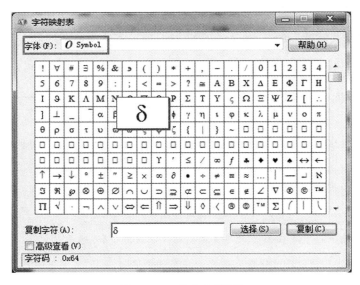

图 5-3-10　选择字符"δ"

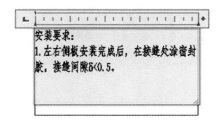

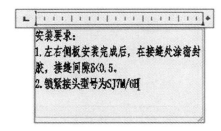

图 5-3-11　完成字符"δ"输入　　　　　　　　图 5-3-12　继续输入文字

⑦按住鼠标左键并拖动鼠标，将"7M/6H"选中，如图 5-3-13 所示。

⑧单击"文字格式"面板中堆叠按钮，显示效果如图 5-3-14 所示。

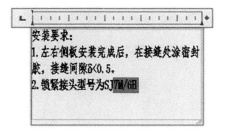

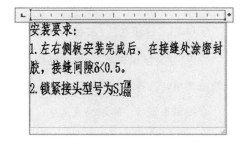

图 5-3-13　选中"7M/6H"　　　　　　　图 5-3-14　使用堆叠按钮将"7M/6H"堆叠

⑨单击 ✓ 按钮，完成多行文字的输入。

→ **专业对话** ────────────────

谈一谈单行文字与多行文字命令在使用上有哪些异同点。

→ **任务评价** ────────────────

考核标准见表 5-3-1。

表 5-3-1　考核标准

序号	检测内容	检测项目	分值	要求	学生自评得分	教师评价得分
1	使用多行文字命令标注文字	输入简单文字	20	操作正确无误		
2		输入特殊符号	20			
3		使用堆叠按钮	20			
4	知识运用	运用所学知识按要求完成操作	20	操作正确无误		
5	安全规范	使用正确的方法启动、关闭计算机	10	按照要求操作		
6		注意安全用电规范，防止触电	10			
				合计		

→ **拓展活动** ────────────────

一、选择题

1. 多行文字命令是(　　　)。

A. TEXT　　　　　B. MTEXT　　　　　C. QTEXT　　　　　D. WTEXT

2. 下列文字特性不能在"多行文字"的"特性"中设置的是(　　　)。

A. 高度　　　　　B. 宽度　　　　　C. 旋转角度　　　　　D. 样式

3. 在文字输入过程中，输入"1/2"，运用(　　　)命令过程中可以把此分数形式改为水平分数形式。

A. 单行文字　　　　B. 对正文字　　　　C. 多行文字　　　　D. 文字样式

4. "文字编辑器"对话框共有下面哪几个选项？（　　　）（多选）

A. 字符　　　　　B. 特性　　　　　C. 行距　　　　　D. 查找和替换

二、上机实践

使用多行文字命令，输入下列文字。

技术要求：
1. 油管弯曲半径 $R \geqslant 3d$。
2. 全部安装完毕后，进行油压实验，压力为 5 kg/cm^2。

三、思考题

如何在图形中标注带有下标的文字？例如，标注 $a_3 = 200$。

→ 课外拓展

毕昇，北宋发明家，活字印刷术的发明者。在印刷实践中，毕昇认真总结了前人的经验，于北宋仁宗庆历年间(1041 年—1048 年)发明活字印刷术。毕昇创造发明的胶泥活字、木活字排版，是中国印刷术发展中的一个根本性的改革，是对中国劳动人民长期实践经验的科学总结，对中国和世界各国的文化交流作出伟大贡献。

党的二十大报告中提出："全面建设社会主义现代化国家，必须坚持中国特色社会主义文化发展道路，增强文化自信，围绕举旗帜、聚民心、育新人、兴文化、展形象建设社会主义文化强国，发展面向现代化、面向世界、面向未来的，民族的科学的大众的社会主义文化，激发全民族文化创新创造活力，增强实现中华民族伟大复兴的精神力量。"

作为当代青年学生，更应该将中华文化发扬光大，并发扬创新精神，推进文化自信自强，铸就社会主义文化新辉煌。

项目六

尺寸标注

➔ 项目导航

本项目主要介绍 AutoCAD 2019 的尺寸标注功能。尺寸标注是工程图中的一项重要内容。AutoCAD 2019 提供了尺寸标注样式设置命令以及标注尺寸和编辑尺寸的方法。

➔ 学习要点

1. 会根据需要创建或修改尺寸标注样式。

2. 会标注长度、角度、直径及半径尺寸。

3. 会使用基线和连续标注命令。

4. 会标注尺寸公差及形位公差。

5. 会编辑尺寸文字及调整标注位置。

任务一　创建标注样式

➔ 任务目标

1. 理解"标注样式管理器"中各选项的含义。

2. 会根据要求创建或修改尺寸标注样式。

⊙ **任务描述** ────────────────────────────────────

新建一个符合国家标准规定的，名为"工程标注"的尺寸标注样式。

⊙ **学习活动** ────────────────────────────────────

一、"标注样式管理器"对话框中内容的介绍

尺寸标注样式用于设置尺寸标注的具体格式，如尺寸文字采用的样式，尺寸线、尺寸界线以及尺寸箭头的标注设置等，以满足不同行业或国家的尺寸标注要求。

单击功能区 ▮ **注释 ▼** ▮，在弹出的菜单中选择 ⊬ 按钮，AutoCAD 将打开"标注样式管理器"对话框，如图 6-1-1 所示。

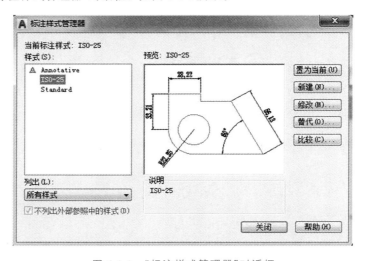

图 6-1-1　"标注样式管理器"对话框

下面介绍该对话框中各主要选项的功能。

1."当前标注样式"标签

用于显示当前标注样式的名称。如图 6-1-1 所示当前标注样式为 ISO-25，该样式为 AutoCAD 提供的默认标注样式。

2."样式"列表框

用于列出已有标注样式的名称。

3."列出"下拉列表框

用于确定要在"样式"列表框中列出的标注样式类型。用户可通过下拉列表在"所

有样式"和"正在使用的样式"二者之间进行选择。

4."预览"框

用于预览在"样式"列表框中所选中标注样式的标注效果。

5."说明"框

用于显示在"样式"列表框中所选定标注样式的说明。

6."置为当前"按钮

用于将指定的标注样式置为当前样式。

7."新建"按钮

用于创建新标注样式。单击"新建"按钮，打开如图 6-1-2 所示的"创建新标注样式"对话框。

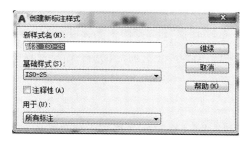

图 6-1-2 "创建新标注样式"对话框

用户可以通过该对话框中的"新样式名"文本框指定新样式的名称；通过"基础样式"下拉列表框选择用于创建新样式的基础样式；通过"用于"下拉列表框，可以选择新建标注样式的适用范围。确定了新样式名称并进行相关设置后，单击"继续"按钮，打开"新建标注样式"对话框。

8."修改"按钮

用于修改已有的标注样式。从"样式"列表框中选择要修改的标注样式，单击"修改"按钮，打开"修改标注样式"对话框。

9."替代"按钮

用于设置当前样式的替代样式。单击"替代"按钮，打开"替代当前标注样式"对话框。

10."比较"按钮

用于比较两个标注样式，或了解某一样式的全部特性。单击"比较"按钮，Auto-CAD 打开"比较标注样式"对话框，如图 6-1-3 所示。

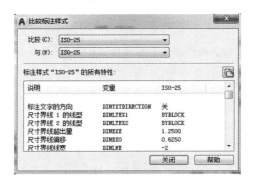

图 6-1-3 "比较标注样式"对话框

在该对话框中，如果在"比较"和"与"两个下拉列表框中指定了不同的样式，AutoCAD 会在大列表框中显示两种样式之间的区别。如果选择的样式相同，则在大列表框中显示该样式的全部特性。

二、"创建新标注样式""修改标注样式"和"替代当前标注样式"对话框中内容的介绍

在"创建新标注样式""修改标注样式"和"替代当前标注样式"对话框中均包含"线""符号和箭头""文字""调整""主单位""换算单位"和"公差"选项卡。下面分别介绍各选项卡的功能。

1."线"选项卡

"线"选项卡如图 6-1-4 所示，选项卡中主要选项功能如下。

(1)"尺寸线"选项组

"颜色""线型""线宽"下拉列表框分别用于设置尺寸线的颜色、线型和线宽。

"超出标记"文本框用于设置当尺寸"箭头"采用斜线、建筑标记、小点、积分或无标记时，尺寸线超出尺寸界线的长度。

"基线间距"文本框用于设置当采用基线标注方法标注尺寸时，各尺寸线之间的距离。

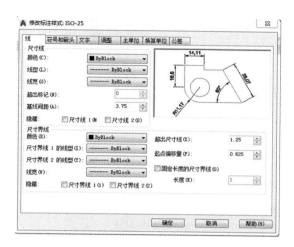

图 6-1-4 "线"选项卡

与"隐藏"选项对应的"尺寸线 1"和"尺寸线 2"复选框分别用于确定是否在标注的尺寸上隐藏第一段尺寸线、第二段尺寸线及对应的箭头，其标注效果如图 6-1-5 所示。

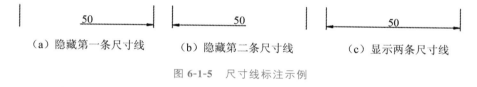

（a）隐藏第一条尺寸线　　（b）隐藏第二条尺寸线　　（c）显示两条尺寸线

图 6-1-5 尺寸线标注示例

（2）"尺寸界线"选项组

其中"颜色""尺寸界线 1 的线型""尺寸界线 2 的线型"和"线宽"下拉列表框分别用于设置尺寸界线的颜色、第一条尺寸界线和第二尺寸界线的线型和线宽。

与"隐藏"选项对应的"尺寸界线 1"和"尺寸界线 2"复选框分别用于确定是否隐藏第一条和第二条尺寸界线，其标注效果如图 6-1-6 所示。

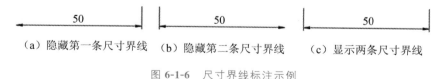

（a）隐藏第一条尺寸界线　　（b）隐藏第二条尺寸界线　　（c）显示两条尺寸界线

图 6-1-6 尺寸界线标注示例

"超出尺寸线"文本框用于确定尺寸界线超出尺寸线的距离。

"起点偏移量"文本框用于确定尺寸界线的实际起始点与标注选择点之间的距离。

选中"固定长度的尺寸界线"复选框可使所标注的尺寸具有相同的尺寸界线。如果采用该方式，可通过"长度"文本框指定尺寸界线的长度。

(3)预览窗口

AutoCAD 根据当前的样式设置，在位于对话框右上角的预览窗口中显示对应的标注效果示例。

2."符号和箭头"选项卡

"符号和箭头"选项卡如图 6-1-7 所示，选项卡中主要选项功能如下。

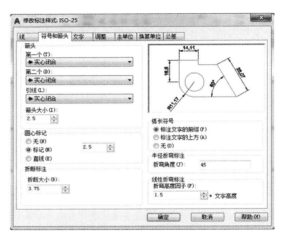

图 6-1-7　"符号和箭头"选项卡

(1)"箭头"选项组

用于设置尺寸线两端的箭头样式。其中，"第一个"下拉列表框用于确定尺寸线在第一端点处的样式。单击位于"第一个"下拉列表框右侧的小箭头，弹出如图 6-1-8 所示的"箭头样式"。当设置了尺寸线第一段的箭头样式后，另一端默认采用相同的样式。如果要求尺寸线两端样式不同，可以通过"第二个"下拉列表框进行设置。

"引线"下拉列表框用于确定引线标注时，引线在起始点处的样式。

"箭头大小"组合框用于确定箭头的长度。

(2)"圆心标记"选项组

当对圆或圆弧进行圆心标记时，用于设置圆心标记的类型与大小。可以在"无""标记""直线"三个选项之中进行选择，标注效果如图 6-1-9 所示。"无""标记""直线"后的文本框用于确定圆心标记的大小。

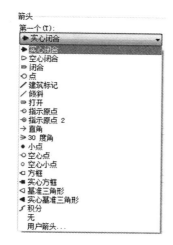

图 6-1-8 "箭头样式"下拉列表

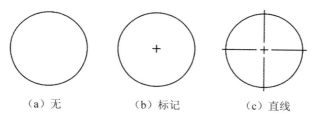

（a）无　　　　（b）标记　　　　（c）直线

图 6-1-9 圆心标记示例

（3）"折断标注"选项

AutoCAD 2019 允许在尺寸线、尺寸界线与其他线重叠处打断尺寸线与尺寸界线，如图 6-1-10 所示，其中"折断大小"文本框用于设置图 6-1-10(b)所示的 h 值。

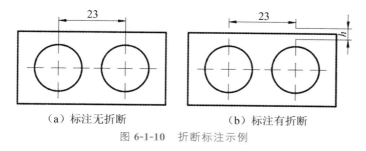

（a）标注无折断　　　　　　　（b）标注有折断

图 6-1-10 折断标注示例

（4）"弧长符号"选项组

该选项组用于对圆弧进行弧长标注时，控制弧长符号的显示方式，标注显示方式如图 6-1-11 所示。

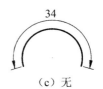

（a）标注文字的前缀　　（b）标注文字的上方　　　（c）无

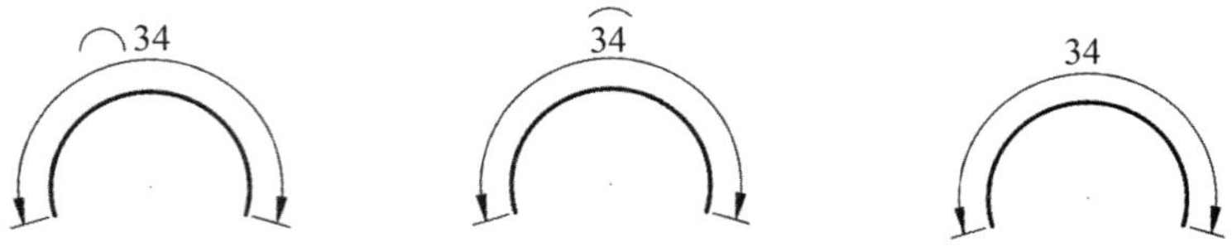

图 6-1-11　弧长标注示例

（5）"半径折弯标注"选项组

半径折弯标注通常用于被标注圆弧的圆心点位于较远位置时的情况，如图 6-1-12 所示。

（6）"线性折弯标注"选项组

AutoCAD 2019 允许用户采用线性折弯标注，如图 6-1-13 所示。该标注的折弯高度 h 为折弯高度因子与尺寸文字高度的乘积。用户可以在"折弯高度因子"文本框中输入折弯高度因子值。

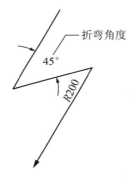

图 6-1-12　半径折弯标注示例

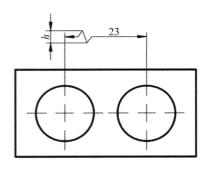

图 6-1-13　线性折弯标注示例

3."文字"选项卡

"文字"选项卡如图 6-1-14 所示，选项卡中主要选项功能如下。

（1）"文字外观"选项组

"文字样式"和"文字颜色"下拉列表框分别用于设置尺寸文字的样式和颜色。

"填充颜色"下拉列表框用于设置文字的背景颜色。

"文字高度"框用于确定尺寸文字的高度。

"分数高度比例"框用于设置尺寸文字中的分数相对于其他尺寸文字的缩放比例，只有在"主单位"选项卡中选择"分数"作为单位格式时，此选项才有效。

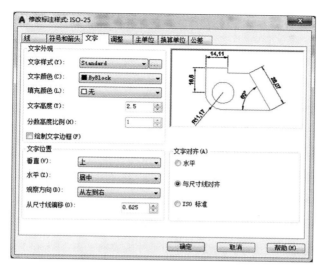

图 6-1-14 "文字"选项卡

"绘制文字边框"复选框用于确定是否为尺寸文字添加边框。

（2）"文字位置"选项组

"垂直"下拉列表框用于控制尺寸文字相对于尺寸线在垂直方向的放置形式，可以在"居中""上""外部""JIS"和"下"五个选项之中选择。五种放置位置效果如图 6-1-15 所示。

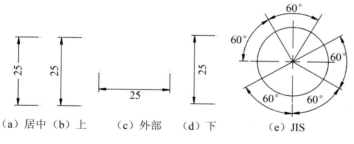

（a）居中（b）上　　（c）外部　　（d）下　　（e）JIS

图 6-1-15 "垂直"设置效果

"水平"下拉列表框用于确定尺寸文字相对于尺寸线方向的位置，可以在"居中""第一条尺寸界线""第二条尺寸界线""第一条尺寸界线上方"和"第二条尺寸界线上方"五个选项之中选择。五种形式的标注效果如图 6-1-16 所示。

"观察方向"下拉列表框用于设置尺寸文字观察方向，可选择"从左到右"或"从右到左"。

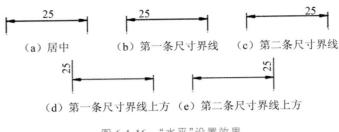

（a）居中　　　（b）第一条尺寸界线　　（c）第二条尺寸界线

（d）第一条尺寸界线上方　（e）第二条尺寸界线上方

图 6-1-16 "水平"设置效果

"从尺寸线偏移"文本框用于确定尺寸文字与尺寸线之间的距离。

（3）"文字对齐"选项组

用于确定尺寸文字的对齐方式。"水平"用于确定尺寸文字是否水平放置。"与尺寸线对齐"用于确定尺寸文字方向是否要与尺寸线方向一致。"ISO 标准"用于确定尺寸文字是否按照 ISO 标准放置，即尺寸文字在尺寸界线之间时，方向要与尺寸线方向一致；尺寸文字在尺寸界线之外时，尺寸文字水平放置。

4."调整"选项卡

"调整"选项卡如图 6-1-17 所示，选项卡中主要选项功能如下。

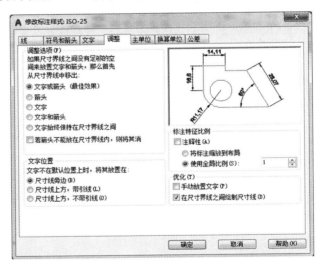

图 6-1-17 "调整"选项卡

（1）"调整选项"选项组

当在尺寸界线中没有足够的空间同时放置尺寸文字和箭头时，应确定从尺寸界线中提出尺寸文字和箭头的哪一部分，可以通过选项组中的各个选项进行设置。

（2）"文字位置"选项组

用来确定当尺寸文字不在默认位置上时的放置位置，"尺寸线旁边""尺寸线上方，带引线"或"尺寸线上方，不带引线"三种方式标注示例如图 6-1-18 所示。

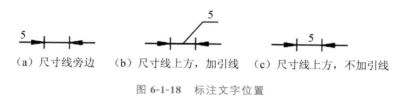

（a）尺寸线旁边　　（b）尺寸线上方，加引线　　（c）尺寸线上方，不加引线

图 **6-1-18**　标注文字位置

（3）"标注特征比例"选项组

用于设置标注尺寸的缩放关系。"注释性"复选框用于确定标注样式是否为注释性样式。

"将标注缩放到布局"选项，表示将根据当前模型空间视口和图纸空间之间的比例确定比例因子。

"使用全局比例"选项，可在其右侧框中为所有标注样式设置一个缩放比例，该比例值将影响尺寸标注所有组成元素的大小，但不改变尺寸的测量值，标注示例如图 6-1-19 所示。

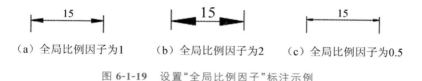

（a）全局比例因子为1　　（b）全局比例因子为2　　（c）全局比例因子为0.5

图 **6-1-19**　设置"全局比例因子"标注示例

（4）"优化"选项组

"手动放置文字"复选框用于确定是否忽略对尺寸文字的水平设置，而手动将尺寸文字放置在用户指定的位置。

"在尺寸界线之间绘制尺寸线"复选框用于确定当尺寸箭头放置在尺寸线之外时，是否在尺寸界线内绘制尺寸线。

5."主单位"选项卡

"主单位"选项卡如图 6-1-20 所示，选项卡中主要选项功能如下。

（1）"线性标注"选项组

用于设置线性标注的格式和精度。

"单位格式"用于设置除角度标注外其余各标注类型的尺寸单位，可在"科学""小数""工程""建筑""分数""Windows桌面"等格式之中进行选择。

"精度"用于设置除角度尺寸外的其他尺寸的精度，通过下拉列表选择具体值即可。

"分数格式"用于设置当单位格式为分数时的标注格式。

"小数分隔符"用于设置当单位格式为小数时小数的分隔符形式，有逗点、句点、空格三种形式。

"舍入"用于设置尺寸测量值的测量精度。

"前缀"和"后缀"用于设置尺寸文字的前缀和后缀，在文本框输入具体内容即可。

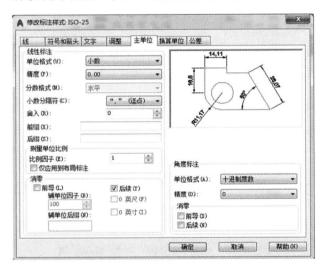

图 6-1-20 "主单位"选项卡

"测量单位比例"用于确定测量单位的比例，其中"比例因子"的数值将影响标注数值与所绘制图形的尺寸之间的比例关系。如比例因子为1，则标注的尺寸数值即为所绘制图形的尺寸；如比例因子为2，则标注的尺寸数值是所绘制图形尺寸的2倍，标注示例如图6-1-21所示。"仅应用到布局标注"用于设置所确定的比例关系是否仅应用到布局。

(a) 比例因子为1　　(b) 比例因子为2　　(c) 比例因子为0.5

图 6-1-21 设置"比例因子"标注示例

"消零"用于设置是否显示尺寸标注中的"前导"或"后续"零。

（2）"角度标注"选项组

用于确定标注角度尺寸时的单位格式、精度以及是否消零。

"单位格式"用于确定标注角度时的单位，可以在"十进制度数""度/分/秒""百分度""弧度"之中进行选择；"精度"用于确定标注角度时的尺寸精度；"消零"用于确定是否消除角度尺寸的"前导"或"后续"零。

6."换算单位"选项卡

"换算单位"选项卡如图 6-1-22 所示，选项卡中主要选项功能如下。

图 6-1-22　"换算单位"选项卡

（1）"显示换算单位"复选框

用于确定是否在标注的尺寸中显示换算单位。

（2）"换算单位"选项组

用于当显示换算单位时，设置换算单位的单位格式和精度。

（3）"消零"选项组

用于确定是否消除换算单位的"前导"或"后续"零。

（4）"位置"选项组

用于确定换算单位的位置，可以在"主值后"和"主值下"两个选项中选择。

7."公差"选项卡

"公差"选项卡如图 6-1-23 所示，选项卡中主要选项功能如下。

图 6-1-23 "公差"选项卡

(1)"公差格式"选项组

用于确定公差的标注格式。其中，"方式"用于设置以何种方式标注公差，用户可以在"无""对称""极限偏差""极限尺寸"和"基本尺寸"五个选项中选择，五种标注方式的标注示例如图 6-1-24 所示。

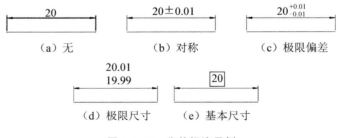

图 6-1-24 公差标注示例

"精度"用于设置尺寸公差的精度；"上偏差"和"下偏差"分别用于设置尺寸的上偏差和下偏差；"高度比例"用于确定公差文字的高度比例因子；"垂直位置"用于控制公差文字相对于尺寸文字的对齐位置，可在"上""中""下"三个选项之中选择；"公差对齐"用于确定公差的对齐方式；"消零"用于确定是否消除公差值的"前导"或"后续"零。

（2）"换算单位公差"选项组

当标注换算单位时，用于确定换算单位公差的精度与单位公差是否消零。

→ **实践活动**

①新建文字样式，名为"工程文字"，字体名 gbenor. shx，勾选"使用大字体"，大字体选用 gbcbig. shx，字高 3.5。

②单击功能区 **注释 ▼** ，在弹出的菜单中选择 按钮，弹出"标注样式管理器"对话框，单击 **新建 (N)…** 按钮，如图 6-1-25 所示。

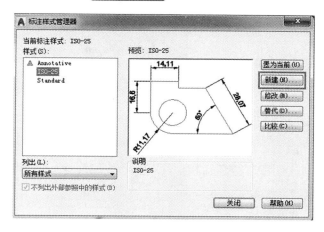

图 6-1-25 "标注样式管理器"对话框

③在弹出的"创建新标注样式"对话框中，在"新样式名"文本框中输入新样式名称"工程标注"，在"基础样式"下拉列表中选择"ISO-25"，在"用于"下拉列表中选择"所有标注"，如图 6-1-26 所示。

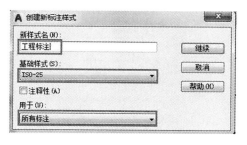

图 6-1-26 "创建新标注样式"对话框

④单击 **继续** 按钮，弹出"新建标注样式：工程标注"对话框，在"线"选项卡中，设置如下内容："基线间距"为 5.5，"超出尺寸线"为 2，"起点偏移量"为 0，如图 6-1-27 所示。

⑤在"符号和箭头"选项卡中，设置如下内容："箭头大小"为 3.5，"圆心标记"为 3.5，"折断大小"为 4，其余采用默认值，如图 6-1-28 所示。

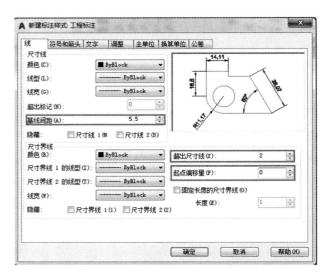

图 6-1-27 "线"选项卡

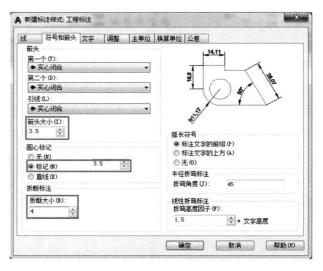

图 6-1-28 "符号和箭头"选项卡

⑥在"文字"选项卡中,设置如下内容:"文字样式"为"工程文字","从尺寸线偏移"为1,其余采用默认设置,如图6-1-29所示。

⑦在"主单位"选项卡中,设置如下内容:"线性标注"选项组中的"单位格式"为"小数","精度"为0.00,"小数分隔符"为"."(句点);"测量单位比例"选项组中的"比例因子"为1;"角度标注"选项组中的"单位格式"为"十进制度数","精度"为0,

如图 6-1-30 所示。

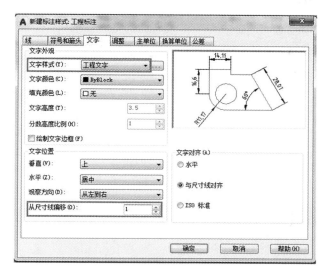

图 6-1-29 "文字"选项卡

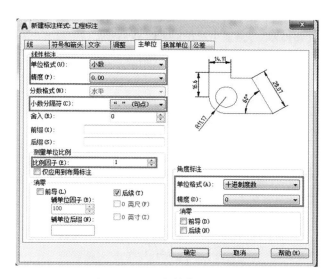

图 6-1-30 "主单位"选项卡

⑧单击 **确定** 按钮，返回到"标注样式管理器"对话框，如图 6-1-31 所示，可以看到新建的标注样式"工程标注"已经显示在"样式"列表框中。使用该样式可以标注出符合国家标准的大多数尺寸，但标注的角度尺寸不符合国标要求。国家标准《机械制图》规定：标注角度尺寸时，角度数字一般写在水平方向，且一般应注写在尺寸

线的中断处。因此，需要在"工程标注"样式的基础上定义专门用于角度尺寸标注的子样式，方法如下。

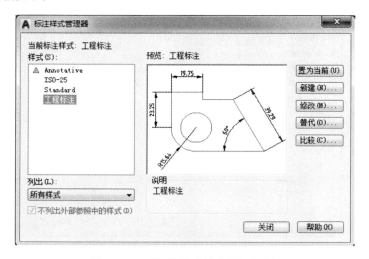

图 6-1-31 "标注样式管理器"对话框

在"标注样式管理器"对话框中单击 新建 (N)... 按钮，打开"创建新标注样式"对话框，在"基础样式"中选择"工程标注"，在"用于"中选择"角度标注"，如图 6-1-32 所示。

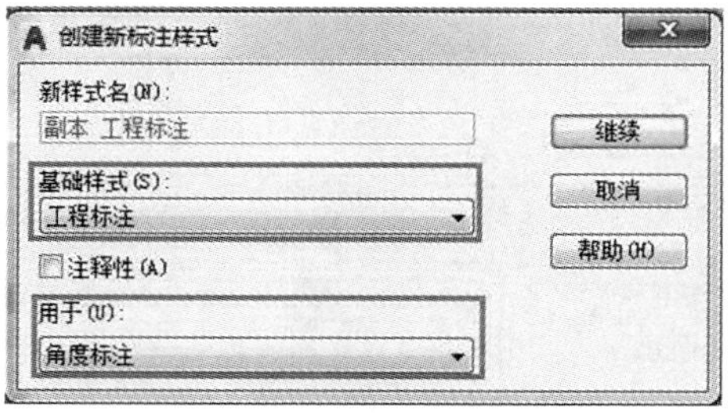

图 6-1-32 "创建新标注样式"对话框

单击 继续 按钮，打开"新建标注样式：工程标注：角度"对话框，在"文字"选项卡中，选择"水平"，其余设置不变，如图 6-1-33 所示。

⑨单击 确定 按钮，完成角度标注样式的设置，返回到"标注样式管理器"对话框，如图 6-1-34 所示，单击 关闭 按钮，完成尺寸标注样式"工程标注"的设置。

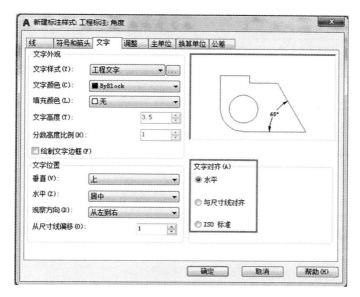

图 6-1-33 "文字"选项卡

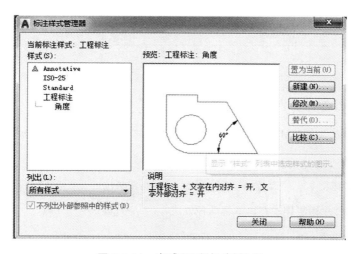

图 6-1-34 完成"工程标注"设置

➜ **专业对话**

"标注样式管理器"中常用的设置项目有哪些？谈谈你的看法吧！

➜ **任务评价**

考核标准见表 6-1-1。

表 6-1-1　考核标准

序号	检测内容	检测项目	分值	要求	学生自评得分	教师评价得分
1	创建尺寸标注样式	新建尺寸标注样式	10	操作正确无误		
2		设置"线"选项卡	10			
3		设置"符号和箭头"选项卡	10			
4		设置"文字"选项卡	10			
5		设置"主单位"选项卡	10			
6		新建子样式	10			
7	知识运用	运用所学知识按要求完成操作	20	操作正确无误		
8	安全规范	使用正确的方法启动、关闭计算机	10	按照要求操作		
9		注意安全用电规范,防止触电	10			
				合计		

→ 拓展活动 ————————————————————————●

一、选择题

1. 在"修改标注样式"对话框中,"文字"选项卡中的"分数高度比例"选项只有设置了( )选项后方才有效。

A. 单位精度 　　　B. 公差 　　　　C. 换算单位 　　　D. 使用全局比例

2. 设置尺寸标注样式有以下哪几种方法?( )(多选)

A. 执行菜单命令"格式"│"标注样式"

B. 在命令行输入"DDIM"命令后按回车键

C. 单击"标注"工具栏上的"标注样式"图标按钮

D. 在命令行中输入"STYLE"命令后按回车键

3. 在"修改标注样式"对话框的"圆心标记"选项组中,所供用户选择的选项包含( )。(多选)

A. 标记 　　　　B. 无 　　　　　C. 圆弧 　　　　D. 直线

4. 若尺寸的公差是 20 ± 0.034,则应该在"公差"选项卡中,设置公差的格式为

（　　）。

　　A. 极限偏差　　　　B. 极限尺寸　　　　C. 基本尺寸　　　　D. 对称

　　5. 在"公差"选项卡中，上偏差输入"0.021"，下偏差输入"0.015"，则标注尺寸公差的结果是（　　）

　　A. 上偏差 0.021，下偏差 0.015　　　　B. 上偏差－0.021，下偏差 0.015

　　C. 上偏差 0.021，下偏差－0.015　　　　D. 上偏差－0.021，下偏差－0.015

二、上机实践

　　1. 新建一个基于 ISO-25，用于所有标注的标注样式"stan"。要求尺寸线、尺寸界线的颜色、线型、线宽均"随层"，基线间距为 10，超出尺寸线 2.5，起点偏移量为 0，箭头样式为"实心闭合"，大小为 2.5，无圆心标记，文字样式为"standard"，文字颜色随层，文字高度 5，从尺寸线偏移 0.6，文字对齐方式为"与尺寸线对齐"，线性标注单位格式为"小数"，精度为"0.0"，比例因子为"2"，角度标注单位为"度/分/秒"，精度为"0d"。

　　2. 定义尺寸标注样式，要求如下。

　　(1)尺寸标注样式名为"ccbz"，其中使用的文字样式为"wz"，字体采用 gbenor.shx，大字体采用 gbcbig.shx，字高为 5。

　　(2)在"线"选项卡中，将"基线间距"设为 7，"超出尺寸线"设为 3，"起点偏移量"设为 0，其余设置均为默认。

　　(3)在"符号和箭头"选项卡中，"箭头大小"和"圆心标记"中的"大小"均设为 5，其余设置均为默认。

　　(4)在"文字"选项卡中，将"文字样式"设为"wz"，"从尺寸线偏移"设为 1.5，其余设置均为默认。

　　(5)在"主单位"选项卡中，"线性标注"单位格式设为"小数"，精度设为"0"，"小数分隔符"为"."(句点)，"角度标注"单位格式设为"度/分/秒"，精度设为"0d00'"，其余设置均为默认。

　　(6)在创建"ccbz"样式后，还需要创建"角度"子样式，以使标注符合国标要求的角度尺寸。

任务二 基本尺寸标注

⊙ 任务目标

会使用线性、对齐、角度、半径和直径命令标注长度、角度、直径及半径尺寸。

⊙ 任务描述

使用任务一新建的尺寸标注样式，对图 6-2-1 所示的图形进行尺寸标注。

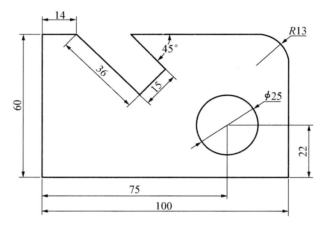

图 6-2-1 任务图

⊙ 学习活动

一、 线性标注

在"默认"选项卡"注释"选项组中单击 按钮，如图 6-2-2 所示，即可调用线性标注命令，命令行出现图 6-2-3 所示的提示。

图 6-2-2 功能区"线性标注"命令

图 6-2-3 调用"线性标注"命令

在此提示下有两种选择，确定一点作为第一条尺寸界线的原点或按回车键选择要标注的对象。

1. 指定第一个尺寸界线的原点

在此提示下，直接分别确定第一条和第二条尺寸界线的起始点，命令行会出现如图 6-2-4 所示的提示，再通过拖动鼠标的方式确定尺寸线的位置，AutoCAD 即可自动测量出两条尺寸界线起始点间的距离来标注尺寸。

图 6-2-4 "线性标注"命令提示

图 6-2-4 所示提示中各命令选项的功能如下。

①多行文字(M)：用于打开"文字编辑器"修改尺寸标注文字。

②文字(T)：用于在命令行修改尺寸标注文字，输入文字时若需要利用系统的尺寸测量值，则可以通过输入"<>"实现。

③角度(A)：用于设置尺寸文字的显示角度。

④水平(H)：指定标注尺寸为水平标注。

⑤垂直(V)：指定标注尺寸为垂直标注。

⑥旋转(R)：用于指定尺寸线的旋转角度，用来标注倾斜方向的尺寸。

2. 选择对象

在图 6-2-3 所示的提示下直接按回车键，即执行选择对象选项，用户需选择需要标注尺寸的对象，选择后，在命令行出现图 6-2-5 所示的提示。

图 6-2-5 选择对象命令提示

在该提示下进行的操作与前文所述相同，此处不再赘述。

二、 对齐标注

对齐标注所标注的尺寸线与两标注点连线平行。利用对齐标注可以标注出倾斜线段的长度尺寸。

在"默认"选项卡"注释"选项组中单击 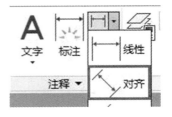 对齐 按钮，如图 6-2-6 所示，即可调用对齐标注。

标注对齐尺寸与标注线性尺寸相同，也可以通过选择两点和选择对象来标注尺寸，选择方法与标注线性尺寸的选择方法相同。

图 6-2-6 "对齐标注"

对齐标注的命令选项"多行文字(M)/文字(T)/角度(A)"的功能也与线性标注中的选项功能相同。

三、 角度标注

在"默认"选项卡"注释"选项组中单击 角度 按钮，即可调用角度标注，命令行出现图 6-2-7 所示的提示。

图 6-2-7 调用"角度标注"

在此提示下可以标注圆弧的圆心角、圆上某段圆弧的圆心角、两条不平行直线之间的夹角，或根据给定的三点标注角度。

1. 标注圆弧的圆心角

在图 6-2-7 所示提示下选择圆弧，则出现图 6-2-8 所示的提示。

图 6-2-8 标注圆弧圆心角

在该提示下直接确定标注弧线的位置，AutoCAD 会按实际测量值标注出角度值。也可以通过"多行文字(M)/文字(T)/角度(A)"选项分别确定尺寸文字及其旋转角度。选择"象限点(Q)"选项可以使角度尺寸文字位于尺寸界线之外。

2. 标注圆上某段圆弧的圆心角

在图 6-2-7 所示提示下选择圆，则出现图 6-2-9 所示的提示。

图 6-2-9 标注圆上某段圆弧的圆心角提示 1

在该提示下，在圆上指定另一个点作为角的第二个端点，则出现图 6-2-10 所示的提示。

图 6-2-10 标注圆上某段圆弧的圆心角提示 2

在该提示下直接确定标注弧线的位置，AutoCAD 会按实际测量值标注出角度值，该角度的顶点为圆心，尺寸界线通过选择圆时的拾取点和指定的第二个端点。也可以通过"多行文字（M）/文字（T）/角度（A）"选项分别确定尺寸文字及其旋转角度。选择"象限点（Q）"选项可以使角度尺寸文字位于尺寸界线之外。

3. 标注两条不平行直线之间的夹角

在图 6-2-7 所示提示下选择直线，则出现图 6-2-11 所示的提示。

图 6-2-11 标注直线间夹角提示 1

在该提示下选择第二条直线，则出现图 6-2-12 所示的提示。

图 6-2-12 标注直线间夹角提示 2

在该提示下直接确定标注弧线的位置，AutoCAD 将标注出这两条直线的夹角。也可以通过"多行文字（M）/文字（T）/角度（A）"选项分别确定尺寸文字及其旋转角度。

4. 根据三个点标注角度

在图 6-2-7 所示提示下直接按回车键，则出现图 6-2-13 所示的提示。

在该提示下直接确定标注弧线的位置，AutoCAD 将根据给定三点标注出角度。同样可以利用"多行文字(M)/文字(T)/角度(A)"选项分别确定尺寸文字及其旋转角度。

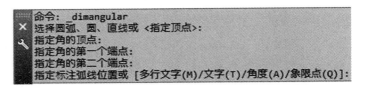

图 6-2-13　根据三个点标注角度

注意：通过选择"多行文字(M)"或"文字(T)"选项重新确定尺寸文字时，只有在新输入的尺寸文字后添加％％d，才能使标注出的角度值具有角度符号°。

四、 直径标注

在"默认"选项卡"注释"选项组中单击 直径 按钮，即可调用直径标注，命令行出现图 6-2-14 所示的提示。

图 6-2-14　调用直径标注

在该提示下选择圆或圆弧，则出现图 6-2-15 所示的直径尺寸数值和提示。

图 6-2-15　标注直径提示

在该提示下直接确定尺寸线的位置，AutoCAD 将按实际测量值标注出圆或圆弧的直径。也可以通过"多行文字(M)/文字(T)/角度(A)"选项分别确定尺寸文字及其旋转角度。

注意：通过选择"多行文字(M)"或"文字(T)"选项重新确定尺寸文字时，只有在新输入的尺寸文字前添加％％c，才能使标注出的直径值具有直径符号φ。

五、 半径标注

在"默认"选项卡"注释"选项组中单击 半径按钮，即可调用半径标注，命令行出现图 6-2-16 所示的提示。

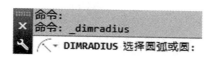

图 6-2-16　调用半径标注

在该提示下选择圆或圆弧，则出现图 6-2-17 所示的半径尺寸数值和提示。

图 6-2-17　标注半径提示

在该提示下直接确定尺寸线的位置，AutoCAD 将按实际测量值标注出圆或圆弧的半径。也可以通过"多行文字(M)/文字(T)/角度(A)"选项分别确定尺寸文字及其旋转角度。

注意：通过选择"多行文字(M)"或"文字(T)"选项重新确定尺寸文字时，只有在新输入的尺寸文字前添加 R，才能使标注出的半径值具有半径符号 R。

⟶ 实践活动

No. 1　线性标注

调用线性标注命令，命令行提示如下内容。

指定第一条延伸线原点或＜选择对象＞：　//捕捉端点 A，如图 6-2-18 所示

指定第二条延伸线原点：　//捕捉端点 B，如图 6-2-18 所示

指定尺寸线位置或[多行文字(M)/文字(T)/角度(A)/水平(H)/垂直(V)/旋转(R)]：

//向上拖动鼠标将尺寸线放置在适当位置，单击鼠标左键结束

重复线性标注命令：

指定第一条延伸线原点或＜选择对象＞：　//捕捉端点 A

指定第二条延伸线原点：　//捕捉端点 C

指定尺寸线位置或[多行文字(M)/文字(T)/角度(A)/水平(H)/垂直(V)/旋转(R)]：

//向左拖动鼠标将尺寸线放置在适当位置，单击鼠标左键结束

继续标注尺寸"75""100""22"，结果如图 6-2-18 所示。

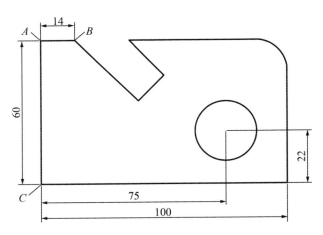

图 6-2-18　线性标注

No.2　对齐标注

调用对齐标注命令，命令行提示如下内容。

指定第一条延伸线原点或＜选择对象＞：　//捕捉端点 B，如图 6-2-19 所示

指定第二条延伸线原点：　//捕捉端点 D，如图 6-2-19 所示

指定尺寸线位置或[多行文字(M)/文字(T)/角度(A)/水平(H)/垂直(V)/旋转(R)]：

//向左下方拖动鼠标将尺寸线放置在适当位置，单击鼠标左键结束

继续标注尺寸"15"，结果如图 6-2-19 所示。

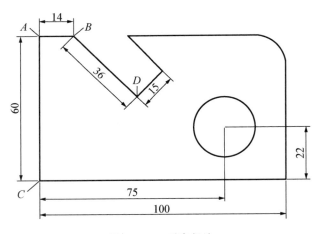

图 6-2-19　对齐标注

No.3 角度标注

调用角度标注命令，命令行提示如下内容。

选择圆弧、圆、直线或<指定顶点>： //选择直线 E，如图 6-2-20 所示

选择第二条直线： //选择直线 F，如图 6-2-20 所示

指定标注弧线位置或[多行文字(M)/文字(T)/角度(A)/象限点(Q)]：

//移动鼠标指定尺寸线的位置

完成"45°"的标注，结果如图 6-2-20 所示。

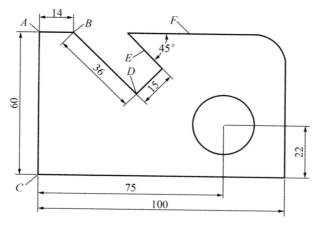

图 6-2-20 角度标注

No.4 直径和半径标注

启动直径标注命令，命令行提示如下内容。

选择圆弧或圆： //选择圆 H，如图 6-2-21 所示

指定尺寸线位置或[多行文字(M)/文字(T)/角度(A)]：

//移动鼠标指定尺寸线的位置

完成"$\phi 25$"的标注，如图 6-2-21 所示。

启动半径标注命令，命令行提示如下内容。

选择圆弧或圆： //选择圆弧 K，如图 6-2-21 所示

指定尺寸线位置或[多行文字(M)/文字(T)/角度(A)]：

//移动鼠标指定尺寸线的位置

完成"$R 13$"的标注，如图 6-2-21 所示。

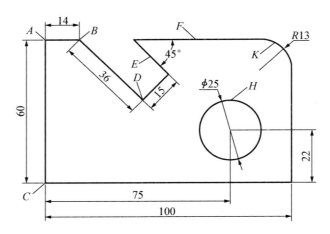

图 6-2-21 直径和半径标注

⊙ **专业对话** ──────────────────────

线性标注和对齐标注在使用上有哪些异同点？谈谈你的想法吧！

⊙ **任务评价** ──────────────────────

考核标准见表 6-2-1。

表 6-2-1 考核标准

序号	检测内容	检测项目	分值	要求	学生自评得分	教师评价得分
1	基本尺寸标注	线性标注	10	操作正确无误		
2		对齐标注	10			
3		角度标注	10			
4		直径标注	10			
5		半径标注	10			
6	知识运用	运用所学知识按要求完成操作	30	操作正确无误		
7	安全规范	使用正确的方法启动、关闭计算机	10	按照要求操作		
8		注意安全用电规范，防止触电	10			
				合计		

→ **拓展活动** ————————————————————————————●

一、选择题

1. 下列不属于基本标注类型的标注是(　　　)。

A. 对齐标注　　　B. 基线标注　　　C. 快速标注　　　D. 线性标注

2.(　　　)命令用于创建平行于所选对象或平行于两尺寸界线源点连线的直线型尺寸。

A. 对齐标注　　　B. 连续标注　　　C. 快速标注　　　D. 线性标注

3. 下面哪个命令用于测量并标注被测对象之间的夹角?(　　　)

A. 角度标注　　　B. 快速标注　　　C. 半径标注　　　D. 直径标注

4. 半径标注中标注文字的默认前缀是(　　　)。

A. D　　　　　　B. R　　　　　　C. Rad　　　　　　D. Radius

5. 完成一个线性尺寸标注,必须(　　　)。(多选)

A. 确定尺寸线的位置　　　　　　B. 确定第二条尺寸线的原点

C. 确定第一条尺寸界线的原点　　D. 确定箭头的方向

6. 线性标注命令允许标注(　　　)方向以及(　　　)方向的尺寸。(多选)

A. 垂直　　　　　B. 对齐　　　　　C. 水平　　　　　D. 圆弧

二、上机实践

1. 绘制图 6-2-22 所示图形,并使用线性、对齐、角度、直径、半径等标注命令标注尺寸。

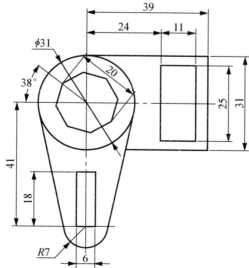

图 **6-2-22** 上机实践图一

2. 绘制图 6-2-23 所示图形，并使用线性、对齐、角度、直径、半径等标注命令标注尺寸。

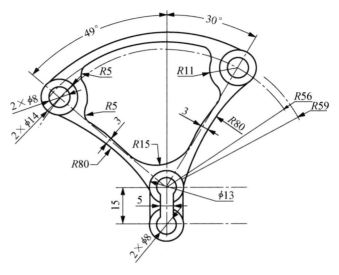

图 6-2-23　上机实践图二

任务三　连续、基线标注

➔ 任务目标

1. 理解连续和基线标注的含义。

2. 会使用连续和基线标注命令进行尺寸标注。

➔ 任务描述

使用任务一新建的尺寸标注样式，使用连续和基线标注，对图 6-3-1 所示的图形进行尺寸标注。

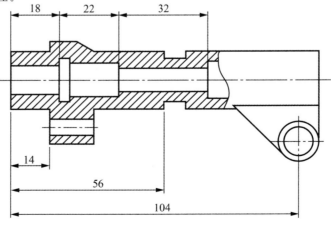

图 6-3-1　任务图

→ 学习活动 ————————————————————●

一、连续标注

连续标注是指在标注出的尺寸中，相邻两条尺寸线共用一条尺寸界线，如图 6-3-2
所示。

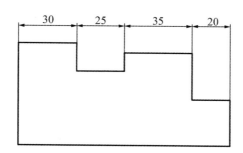

图 6-3-2 连续标注示例

在"标注"菜单中选择"连续"，如图 6-3-3 所示，即可调用连续标注命令。
命令行将出现图 6-3-4 所示的提示。

图 6-3-3 调用连续标注命令

╟╫╫- **DIMCONTINUE** 指定第二个尺寸界线原点或 [选择(S) 放弃(U)] <选择>：

图 6-3-4 连续标注命令提示

命令提示中各命令选项的功能如下。

1. 指定第二个尺寸界线原点

确定下一个尺寸的第二条尺寸界线的起始点后，AutoCAD将按连续标注方式标注出尺寸，即将上一个尺寸的第二条尺寸界线作为新尺寸标注的第一条尺寸界线标注尺寸，命令行会继续出现图6-3-4所示的提示，用户可以再确定下一个尺寸的第二条尺寸界线的起点位置，直至标注出全部尺寸。

2. 选择(S)

设置连续标注由哪一个尺寸的尺寸界线引出。选择该选项，命令行提示"选择连续标注:"。

在该提示下选择尺寸标注后，命令行会继续出现图6-3-4所示的提示，在该提示下标注出的尺寸会以指定的尺寸界线作为第一条尺寸界线。

3. 放弃(U)

放弃前一次操作。

二、 基线标注

基线标注是指各尺寸线从同一条尺寸界线处引出，即共用一条尺寸界线，如图6-3-5所示。

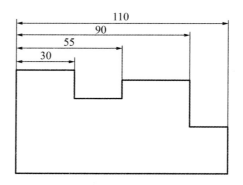

图 6-3-5　基线标注示例

在"标注"菜单中选择"基线"，如图6-3-6所示，即可调用基线标注命令。

命令行将出现图6-3-7所示的提示。

图 6-3-6 调用基线标注命令

图 6-3-7 基线标注命令提示

命令提示中各命令选项的功能如下。

1. 指定第二条尺寸界线原点

确定下一个尺寸的第二条尺寸界线的起点后，AutoCAD 将按基线标注方式标注出尺寸，命令行会继续出现图 6-3-7 所示的提示，用户可以再确定下一个尺寸的第二条尺寸界线的起点位置，直至标注出全部尺寸。

2. 选择(S)

指定基线标注时作为基线的尺寸界线。选择该选项，命令行提示"选择基准标注："。

在该提示下选择尺寸标注后，命令行会继续出现图 6-3-7 所示的提示，在该提示下标注出的各尺寸会从指定的基线引出。

3. 放弃(U)

放弃前一次操作。

注意：在创建"连续"和"基线"两种形式的尺寸时，应首先建立一个尺寸标注，然后再调用相应的标注命令。

⊙ **实践活动** ────────────────────────────●

No.1 标注连续尺寸

①调用线性标注命令，命令行提示如下内容。

指定第一条延伸线原点或<选择对象>： //捕捉端点 A，如图6-3-8所示

指定第二条延伸线原点： //捕捉端点 B，如图6-3-8所示

指定尺寸线位置或[多行文字(M)/文字(T)/角度(A)/水平(H)/垂直(V)/旋转(R)]：
//向上拖动鼠标将尺寸线放置在适当位置，单击鼠标左键结束

标注尺寸"18"，如图6-3-8所示。

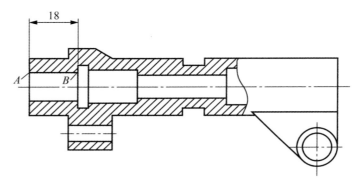

图 6-3-8 标注线性尺寸

②调用连续标注命令，命令行提示如下内容。

指定第二条延伸线原点或[放弃(U)/选择(S)]<选择>： //捕捉 C 点，如图6-3-9所示

指定第二条延伸线原点或[放弃(U)/选择(S)]<选择>： //捕捉 D 点，如图6-3-9所示

指定第二条延伸线原点或[放弃(U)/选择(S)]<选择>： //按回车键

标注出尺寸"22""32"，结果如图6-3-9所示。

No.2 标注基线尺寸

③调用线性标注命令，命令行提示如下内容。

指定第一条延伸线原点或<选择对象>： //捕捉端点 E，如图6-3-10所示

指定第二条延伸线原点： //捕捉端点 F，如图6-3-10所示

指定尺寸线位置或[多行文字(M)/文字(T)/角度(A)/水平(H)/垂直(V)/旋转

（R）］：

　　//向上拖动鼠标将尺寸线放置在适当位置，单击鼠标左键结束

标注尺寸"14"，如图6-3-10所示。

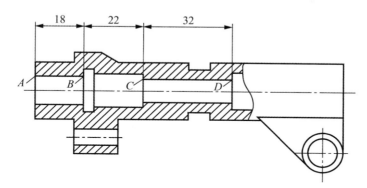

图 6-3-9　标注连续尺寸

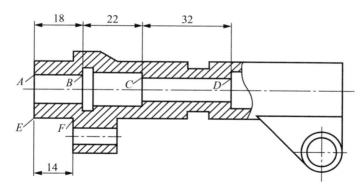

图 6-3-10　标注线性尺寸

④调用基线标注命令，命令行提示如下内容。

指定第二条延伸线原点或［放弃(U)/选择(S)］<选择>：　//捕捉 G 点，如

图 6-3-11 所示

指定第二条延伸线原点或［放弃(U)/选择(S)］<选择>：　//捕捉 H 点，如

图 6-3-11 所示

指定第二条延伸线原点或［放弃(U)/选择(S)］<选择>：　//按回车键

标注出尺寸"56""104"，结果如图6-3-11所示。

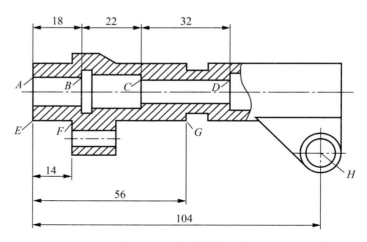

图 6-3-11　标注基线尺寸

→ **专业对话**

连续标注和基线标注在使用上有哪些异同点？谈谈你的想法吧！

→ **任务评价**

考核标准见表 6-3-1。

表 6-3-1　考核标准

序号	检测内容	检测项目	分值	要求	学生自评得分	教师评价得分
1	连续标注与基线标注	连续标注	25	操作正确无误		
2		基线标注	25			
3	知识运用	运用所学知识按要求完成操作	30	操作正确无误		
4	安全规范	使用正确的方法启动、关闭计算机	10	按照要求操作		
5		注意安全用电规范，防止触电	10			
				合计		

拓展活动

一、选择题

1. 下面哪个命令用于标注在同一方向上连续的线性尺寸或角度尺寸？（　　）

A. 基线标注　　　　B. 连续标注　　　　C. 引线标注　　　　D. 快速标注

2. 下列尺寸标注中共用一条基线的是（　　）。

A. 基线标注　　　　B. 连续标注　　　　C. 公差标注　　　　D. 引线标注

二、上机实践

绘制图 6-3-12 所示图形，并进行标注。

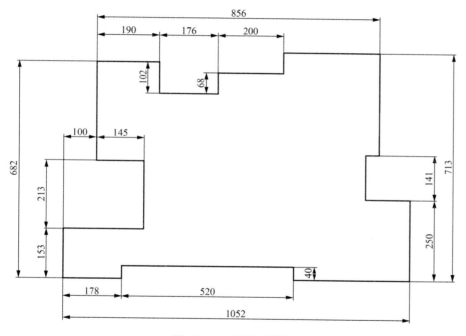

图 6-3-12　上机实践图

任务四　尺寸公差与形位公差标注

任务目标

1. 会使用"文字编辑器"标注尺寸公差。

2. 会使用"公差"命令标注形位公差。

➡ **任务描述**

已知如图 6-4-1(a)所示的图形，为其标注尺寸及对应的公差，结果如图 6-4-1(b)所示。

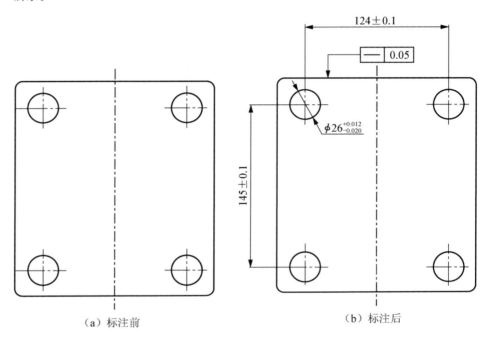

图 **6-4-1** 任务图

➡ **学习活动**

一、 尺寸公差标注

AutoCAD 提供了多种标注尺寸公差的方法。例如，在图 6-1-23 所示的"公差"选项卡中，可以通过"公差格式"选项组确定公差的标注方式、精度、上下偏差等。通过"公差"选项卡进行设置后再标注尺寸，即可标出对应的尺寸公差。

其实，标注尺寸时，利用"多行文字(M)"选项打开文字编辑器，输入公差，操作更为简单快捷，具体操作方法将在本任务的实践操作中详细介绍。

二、 形位公差标注

利用"标注"工具栏中的 ⊞ 按钮，或"标注"菜单中的"公差"均可调用"公差"命令标注形位公差。执行"公差"命令，打开"形位公差"对话框，如图 6-4-2 所示。

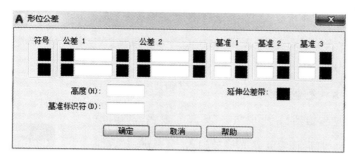

图 6-4-2 "形位公差"对话框

该对话框中各主要选项功能如下。

1."符号"选项组

用于确定形位公差的符号。单击其中的小黑方框，打开"特征符号"对话框，如图 6-4-3 所示。用户可以从该对话框中选择所需符号。

2."公差 1"和"公差 2"选项组

用于确定公差值。用户可在对应的白色文本框中输入公差值。另外，还可以通过单击位于文

图 6-4-3 "特征符号"对话框

本框前边的小方框确定是否在该公差值前添加直径符号，单击文本框后的小方框，可以从弹出的"包容条件"对话框中设置包容条件。

3."基准 1""基准 2"和"基准 3"选项组

用于确定基准和对应的包容条件。

通过"形位公差"对话框确定要标注的内容后，单击"确定"按钮，AutoCAD 将切换到绘图屏幕，并提示"输入公差位置:"。在该提示下确定标注公差的位置即可。

注意：在标注形位公差时，不能自动生成引出形位公差的引线，需要调用 QLEADER(引线)命令添加引线。另外，AutoCAD 未提供标注基准符号的功能，需要单独绘制此类符号，或利用图块功能创建、插入基准符号。

◉ 实践活动 ————————————————

No.1 标注尺寸公差

①调用线性标注命令，命令行提示如下内容。

指定第一个延伸线原点或<选择对象>：　//选择 A 点，如图 6-4-5 所示

指定第二条延伸线原点：　//选择 B 点，如图 6-4-5 所示

指定尺寸线位置或[多行文字(M)/文字(T)/角度(A)/水平(H)/垂直(V)/旋转(R)]

//选择"多行文字(M)"选项

弹出"文字编辑器"，出现"145"的尺寸数字，将闪动的光标移到"145"后面，并在光标处输入"％％p0.1"，即显示"145±0.1"，如图 6-4-4 所示。

图 6-4-4　编辑"145±0.1"

②单击"关闭文字编辑器"按钮，拖动鼠标确定尺寸线位置，即完成"145±0.1"的标注，如图 6-4-5 所示。

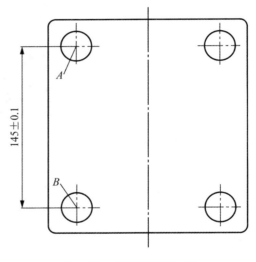

图 6-4-5　标注"145±0.1"

③使用相同方法，标注"124±0.1"，如图 6-4-6 所示。

④调用直径标注命令，命令行提示如下内容。

选择圆弧或圆：　//选择 C 圆，如图 6-4-7 所示

指定尺寸线位置或[多行文字(M)/文字(T)/角度(A)]

//选择"多行文字(M)"选项

弹出"文字编辑器"，出现"φ26"的尺寸数字，将闪动的光标移到"φ26"后面，并在光标处输入"＋0.012ˆ－0.020"，并将输入的文字选中，单击堆叠按钮，即显

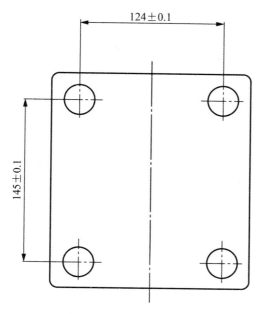

图 6-4-6 标注"124±0.1"

示 $\phi 26_{-0.020}^{+0.012}$。

⑤单击"关闭文字编辑器"按钮，拖动鼠标确定尺寸线位置，即完成"$\phi 26_{-0.020}^{+0.012}$"的标注，如图 6-4-7 所示。

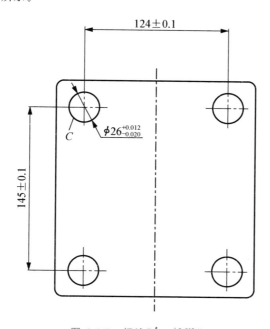

图 6-4-7 标注"$\phi 26_{-0.020}^{+0.012}$"

No.2　标注形位公差

标注形位公差时，我们使用引线和形位公差命令，既能形成公差框格，又能形成标注指引线。

⑥在命令行输入"QLEADER"，调用引线命令，命令行提示如下内容。

指定第一个引线点或[设置(S)]＜设置＞：　//按回车键，进行引线设置

弹出"引线设置"对话框，在"注释"选项卡中选择公差选项，如图6-4-8所示。

图 6-4-8　引线设置

⑦单击 确定 按钮，命令行提示如下内容。

指定第一个引线点或[设置(S)]＜设置＞：　//捕捉 D 点，如图 6-4-10 所示

指定下一点：　//在 E 点单击一下

指定下一点：　//在 F 点单击一下

⑧弹出"形位公差"对话框，在此对话框中输入公差值，如图6-4-9所示。

图 6-4-9　输入公差符号与数值

⑨单击 确定 按钮，完成形位公差标注，如图6-4-10所示。

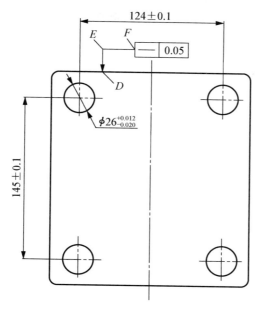

图 6-4-10 标注形位公差

标注时，利用"文字编辑器"还可以标注哪些形式的尺寸呢？谈谈你的想法吧！

⊙ 任务评价 —————————————————————————————

考核标准见表 6-4-1。

表 6-4-1 考核标准

序号	检测内容	检测项目	分值	要求	学生自评得分	教师评价得分
1	尺寸公差与形位公差	尺寸公差标注	25	操作正确无误		
2		形位公差标注	25			
3	知识运用	运用所学知识按要求完成操作	30	操作正确无误		
4	安全规范	使用正确的方法启动、关闭计算机	10	按照要求操作		
5		注意安全用电规范，防止触电	10			
				合计		

→ **拓展活动**

一、选择题

1. 引线后不可以跟随的注释对象是( )。

A. 多行文字　　　　B. 公差　　　　C. 单行文字　　　　D. 复制对象

2. 尺寸公差中的上下偏差可以在线性标注的哪个选项中堆叠起来?( )

A. 多行文字　　　　B. 文字　　　　C. 角度　　　　D. 水平

二、上机实践

绘制图 6-4-11 所示的图形，并对其进行标注。

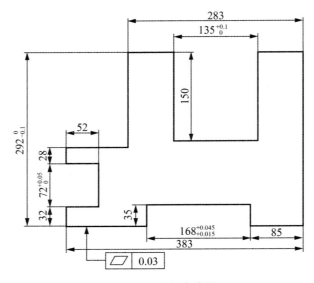

图 6-4-11　上机实践图

→ **课外拓展**

　　"失之毫厘，谬以千里"意思是开始稍微有一点差错，结果会造成很大的错误，以此来形容尺寸公差和形位公差的标注再合适不过。标注上的差错最终导致生产事故的发生，此类事例并不少见。所以，小到我们个人日常生活、学习，大到我们的国家治理，都应尽力避免犯"千里之堤，毁之蚁穴"的错误，正如党的二十大报告中提到："坚持制度治党、依规治党，以党章为根本，以民主集中制为核心，完善党内法规制度体系，增强党内法规权威性和执行力，形成坚持真理、修正错误，发现问题、纠正偏差的机制。"

任务五　编辑标注

➔ **任务目标**

1. 掌握使用夹点调整标注位置的方法。

2. 掌握修改标注文字和更新标注的方法。

➔ **任务描述**

将图 6-5-1 中(a)图中的标注编辑、修改为(b)图的标注。

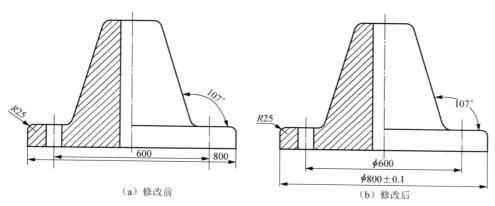

（a）修改前　　　　　　　　（b）修改后

图 6-5-1　任务图

➔ **学习活动**

夹点编辑方式非常适合于移动尺寸线和标注文字，一般利用尺寸线两端或标注文字所在处的夹点来调整标注位置。激活夹点后就可以移动文本或尺寸线到适当的位置。若还不能满足要求，则可以用分解命令将尺寸标注分解为单个对象，然后调整它们，以达到满意的效果。

如果只是修改尺寸标注文字，最好使用 DDEDIT 命令。使用这个命令，可以连续修改想要的尺寸。

如果发现某个尺寸标注的外观不正确，可以先通过替代标注样式调整样式，然后利用更新命令去更新尺寸标注。使用此命令，可以连续对多个尺寸进行更新。

实践活动

No. 1 利用夹点调整标注位置

①选择尺寸"600",并激活文本所在处的夹点,AutoCAD 自动进入拉伸编辑模式,如图 6-5-2 所示。

②向下拖动鼠标调整尺寸线与文本的位置,使用同样的方法,调整尺寸"800"的位置,且使文本"800"的位置居中,结果如图 6-5-3 所示。

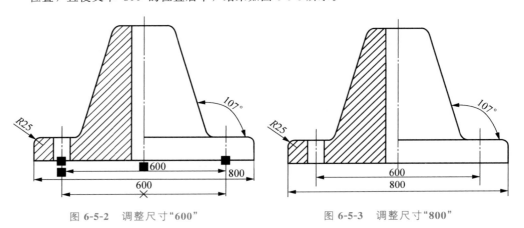

图 6-5-2　调整尺寸"600"　　　　　　　　　图 6-5-3　调整尺寸"800"

No. 2 修改尺寸标注文字

③在命令行输入 DDEDIT 命令,调用编辑尺寸文字命令,命令行提示如下内容。

选择注释对象或[放弃(U)]: //选择尺寸"800"

弹出"文字编辑器",在光标闪动处输入"%%c",再将闪动光标移动到"800"后面,输入"%%p0.1",如图 6-5-4 所示。

图 6-5-4　修改尺寸文字"800"

④单击"关闭文字编辑器"按钮,返回图形窗口,命令行继续提示"选择注释对象或[放弃(U)]:",此时继续选择尺寸"600",然后在闪动光标处输入"%%c",结果如图 6-5-5 所示。

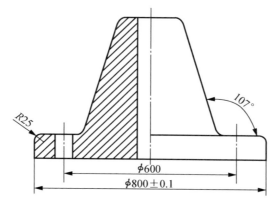

图 6-5-5 修改尺寸文字"600"

No.3 更新标注

⑤单击"标注"下拉菜单中的"标注样式"，启动标注样式管理器。

⑥单击 替代(O)... 按钮，弹出"替代当前样式"对话框。

⑦单击"文字"选项卡，在"文字对齐"框中选择"水平"。

⑧单击 确定 按钮，再单击 置为当前(U)，返回 AtuoCAD 主窗口，单击"标注"下拉
菜单中的"更新"，命令行提示如下内容。

选择对象：找到1个 //选择尺寸"R25"

选择对象：找到1个，总计2个 //选择尺寸"107°"

选择对象： //按回车键结束命令

结果如图 6-5-6 所示。

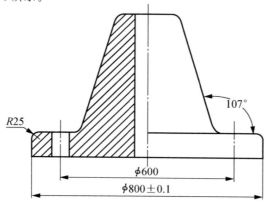

图 6-5-6 更新标注"R25"和"107°"

➔ **专业对话**

还可以使用哪些方法进行编辑标注呢？谈谈你的想法吧！

➔ **任务评价**

考核标准见表 6-5-1。

表 6-5-1　考核标准

序号	检测内容	检测项目	分值	要求	学生自评得分	教师评价得分
1	编辑标注	利用夹点调整标注位置	20	操作正确无误		
2		修改尺寸标注文字	20			
3		更新标注	20			
4	知识运用	运用所学知识按要求完成操作	20	操作正确无误		
5	安全规范	使用正确的方法启动、关闭计算机	10	按照要求操作		
6		注意安全用电规范，防止触电	10			
				合计		

➔ **拓展活动**

上机实践

将图 6-5-7 中(a)图的标注编辑、修改为(b)图的标注。

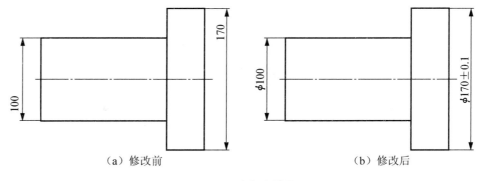

（a）修改前　　　　　　　　　　　　　（b）修改后

图 6-5-7　上机实践图

项目七

绘制图块

→ 项目导航

本项目主要介绍 AutoCAD 2019 的图块与属性功能。对于在绘图中反复出现的图形，不必重复绘制，只需将它们定义成块，在需要的位置插入它们。此外还可以为块定义属性。

→ 学习要点

1. 掌握将图形定义成块的方法，并能将图块插入正确的位置。

2. 掌握定义块属性的操作方法。

任务一　图块的基本操作

→ 任务目标

1. 理解块的基本概念。

2. 掌握定义块、插入块、保存块、编辑块的操作方法。

→ 任务描述

使用定义块、插入块的方法绘制"花园"，效果如图 7-1-1 所示。

图 7-1-1　任务图

→ 学习活动

一、 块的基本概念

块是图形对象的集合，通常用于绘制复杂、重复的图形。将一组图形对象定义成块，就可以根据绘图需要将其插入图中指定的位置，而且在插入时可以指定不同的比例和旋转角度。一般来说，块具有以下几个特点。

1. 提高绘图速度

在绘图中，经常需要重复绘制相同的图形，如果对这些图形使用定义块、插入块的操作，既可以避免大量重复性工作，又能提高绘图效率。

2. 节省存储空间

AutoCAD 可以自动保存图形中每个对象的相关信息，如果一幅图中存在大量相同的图形，会占据较大的磁盘空间，但如果把这些图形定义成块，可以节省大量存储空间。虽然在块的定义中包含了图形对象的全部信息，但系统只需定义一次，对于每一次插入块的操作，AutoCAD 仅需记住块对象的相关信息。对于复杂且需要多次绘制的图形，块的这一优点尤为突出。

3. 加入属性

如果块需要附带文字信息，可以为块定义文字属性。在插入的块中可以设置是否显示这些属性，能够从图形中提取属性，将其保存到单独的文件中。

二、定义块

命令：BLOCK。在功能区"默认"选项卡"块"选项组中单击 （创建块）按钮，即可调用定义块的命令。

执行定义块命令，打开"块定义"对话框，如图 7-1-2 所示。

图 7-1-2　"块定义"对话框

该对话框中各选项主要功能如下。

1."名称"文本框

用于指定块的名称。

2."基点"选项组

用于确定块的基点插入位置。可以直接在"X""Y""Z"文本框中输入对应的坐标值；也可以单击"拾取点"按钮 ，切换到绘图窗口指定基点；还可以选中 在屏幕上指定 复选框，当关闭"块定义"对话框后，再根据提示在屏幕上指定基点。

3."对象"选项组

用于确定组成块的对象。

(1)"在屏幕上指定"复选框

选中此复选框，通过对话框完成其他设置后，在单击"确定"按钮关闭对话框时，

AutoCAD 会提示用户选择组成块的对象。

(2)"选择对象"按钮 ⊕

选择组成块的对象。单击该按钮，AutoCAD 切换到绘图窗口，并提示"选择对象:"。

在此提示下选择组成块的各对象，然后按回车键，AutoCAD 返回到图 7-1-2 所示的"块定义"对话框，同时在"名称"文本框右侧显示由所选对象构成的块的预览图标，并在"对象"选项组中的最后一行显示"已选择 n 个对象"。

(3)"快速选择"按钮

用于快速选择满足指定条件的对象。

(4)"保留""转换为块"和"删除"单选按钮

将指定的图形定义成块后，设置处理这些用于定义块的图形的方式。"保留"表示保留这些图形;"转换为块"按钮表示将对应的图形转换为块;"删除"按钮，表示完成定义块后删除对应的图形。

4."方式"选项组

指定块的其他设置。

(1)"注释性"复选框

指定块是否为注释性对象。

(2)"按统一比例缩放"复选框

指定插入块时是按统一比例缩放，还是允许沿各坐标轴方向采用不同的缩放比例。

(3)"允许分解"复选框

指定插入块后是否将其分解。如果选中"允许分解"，对于插入的所定义的块，可以执行 EXPLODE(分解)命令。

5."设置"选项组

指定块的插图单位和超链接。

(1)"块单位"下拉列表框

指定插入块时的插入单位。

（2）"超链接"按钮

通过"插入超链接"对话框使超链接与块定义相关联。

6."说明"文本框

指定块的文字说明部分。

7."在块编辑器中打开"复选框

用于确定单击"确定"按钮创建块后，是否立即在块编辑器中打开当前的块定义。

三、 保存块

使用 BLOCK 命令定义的块为内部块，AutoCAD 还提供了定义外部块的功能，即将块以单独的文件进行保存。

用于定义外部块的命令为 WBLOCK，执行该命令，打开"写块"对话框，如图 7-1-3 所示。

图 7-1-3 "写块"对话框

该对话框中各主要选项的功能如下。

1."源"选项组

用于选择组成块的对象来源。"块"选项表示将使用"定义块"命令创建的块写入磁盘；"整个图形"选项，表示将全部图形写入磁盘；"对象"选项，表示将指定的对象写入磁盘。

2."基点"和"对象"选项组

"基点"选项组用于确定块的插入基点位置;"对象"选项组用于确定组成块的对象。只有在"源"选项组中选中"对象"单选按钮时,"基点"和"对象"选项组才有效。

3."目标"选项卡

"目标"选项卡用于确定块的名称和保存位置。可以直接在"文件名和路径"文本框中输入文件名(包括路径),也可以单击相应的按钮,从打开的"浏览图形文件"对话框中指定保存位置与文件名。

使用 WBLOCK 命令将块写入磁盘后,该块将以".dwg"格式保存。

四、 插入块

命令:INSERT。在功能区"默认"选项卡"块"选项组中单击 (插入块)按钮,即可调用插入块的命令。

执行 INSERT 命令,打开"插入"对话框,如图 7-1-4 所示。

图 7-1-4 "插入"对话框

该对话框中各主要选项功能如下。

1."名称"下拉列表框

用于输入要插入的块和图形的名称。可以直接在文本框中输入名称或通过下拉列表框选择块,也可以单击"浏览"按钮,从弹出的"选择图形文件"对话框中选择图形文件。

2."插入点"选项组

用于确定在图形中插入的位置。可以直接在"X""Y""Z"文本框中输入点的坐标，也可以选中"在屏幕上指定"复选框，然后在绘图窗口指定插入点。

3."比例"选项组

用于确定块的插入比例。可以直接在"X""Y""Z"文本框中输入块在三个方向的比例，也可以选中"在屏幕上指定"复选框，然后通过命令窗口按提示指定比例。如果在定义块时选择按统一比例缩放，那么指定沿 X 轴方向的缩放比例即可。

4."旋转"选项组

用于确定插入块时块的旋转角度。可以直接在"角度"文本框中输入角度值，也可以选中"在屏幕上指定"复选框，然后通过命令行指定旋转角度。

5."块单位"选项卡

用于显示有关块单位的信息。

6."分解"复选框

用于确定插入块后，设置是否将块分解为组成块的各个基本对象。

五、 编辑块

命令：BEDIT。在功能区"默认"选项卡"块"选项组中单击 ⬚ （块编辑器）按钮，即可调用编辑块的命令。

执行 BEDIT 命令，打开"编辑块定义"对话框，如图 7-1-5 所示。

图 7-1-5　"编辑块定义"对话框

从该对话框左侧列表中选择要编辑的块，然后单击 确定 按钮，进入块编辑模式，如图 7-1-6 所示。此时，在绘图窗口中显示要编辑的块，并在功能区中显示出"块编辑器"选项卡，用户可直接对其进行编辑。一旦利用块编辑器对块进行了修改，当前图形中插入的相应块均会自动进行对应的更改。

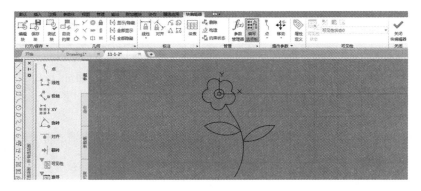

图 7-1-6　动态编辑块

⊕ 实践活动

No. 1　定义图块

①使用"圆"和"圆弧"命令绘制一朵小花，如图 7-1-7 所示。

②调用定义块命令，将"小花"定义成块。

单击 按钮，打开"块定义"对话框，在"名称"文本框中输入"flower"，如图 7-1-8 所示。

图 7-1-7　绘制"小花"

图 7-1-8　指定块的名称

③单击"选择对象"按钮 ，在绘图窗口中选择图形"小花"，右击，返回"块定
义"对话框，如图 7-1-9 所示。

图 **7-1-9** 选择对象

④单击 拾取点(K) 按钮，在 AutoCAD 绘图窗口中拾取"小花""圆形花蕊"的圆心，
如图 7-1-10 所示；AutoCAD 会将此点作为图块的基点，并自动计算出其 X、Y 坐标
值，如图 7-1-11 所示。

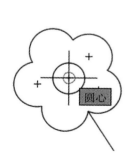

图 **7-1-10** 拾取基点

图 **7-1-11** 确定基点

⑤单击 **确定** 按钮，完成将"小花"定义成图块的操作。

No.2 存储块

⑥在命令行输入"WBLOCK"，调用存储块命令，打开"写块"对话框。在该对话

框的"源"选项区域中选择"块"单选按钮，然后在其后的下拉列表框中选择创建的块"flower"。在"目标"选项区域的"文件名和路径"文本框中输入"E：\flower.dwg"，并在"插入单位"下拉列表中选择"毫米"选项，如图 7-1-12 所示。单击 确定 按钮，完成图块"flower"的存储。

图 7-1-12　存储块"flower"

No.3　插入块

⑦单击 插入 按钮，打开"插入"对话框，如图 7-1-13 所示。在"名称"栏中确认要插入的图块名称为"flower"，在"比例"栏中指定 X、Y 方向的比例，在"旋转"栏中指定"角度"，然后单击 确定 按钮，返回绘图窗口，在绘图区域中选择适当位置单击鼠标左键，即完成"一朵小花"的插入。重复使用"插入"命令，以不同的插入点、比例及旋转角度插入"flower"图块，即可完成"花园"的绘制。

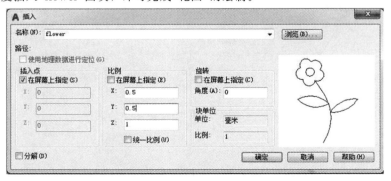

图 7-1-13　插入块"flower"

专业对话

　　用之前学过的编辑命令也能绘制出"花园"，用图块的方法绘制"花园"与其他方法相比，有哪些优点和缺点呢？谈谈你的想法吧！

任务评价

　　考核标准见表 7-1-1。

表 7-1-1　考核标准

序号	检测内容	检测项目	分值	要求	学生自评得分	教师评价得分
1	块的基本操作	定义块	15	操作正确无误		
2		插入块	15			
3		存储块	15			
4		编辑块	15			
5	知识运用	运用所学知识按要求完成操作	20	操作正确无误		
6	安全规范	使用正确的方法启动、关闭计算机	10	按照要求操作		
7		注意安全用电规范，防止触电	10			
				合计		

拓展活动

一、选择题

　　1. 使用块的优点有以下哪些？（　　　）（多选）

　　A. 建立图形库　　　B. 方便修改　　　　C. 节约存储空间　　　D. 节约绘图时间

　　2. 用下面哪个命令可以创建图块，且只能在当前图形文件中调用，而不能在其他图形中调用？（　　　）

　　A. BLOCK　　　　　B. WBOLCK　　　　　C. EXPLODE　　　　　D. MBLOCK

　　3. 在创建块时，在"块定义"对话框中必须确定的要素为（　　　）。

　　A. 块名、基点、对象　　　　　　　　B. 块名、基点、属性

　　C. 基点、对象、属性　　　　　　　　D. 块名、基点、对象、属性

4. AutoCAD 中的图块可以是下面哪两种类型？（　　　）（多选）

A. 内部块　　　　　B. 外部块　　　　　C. 模型空间块　　　　D. 图形空间块

二、上机实践

绘制图 7-1-14，将其定义成名为"BABY"的块，然后以不同的插入点、比例及旋转角度插入图中，形成由不同大小和胖瘦的娃娃头组成的"娃娃家"，最后将该图块以"娃娃"为文件名存盘。

图 7-1-14　上机实践图

任务二　块的属性

⊙ 任务目标

1. 理解块的属性的相关概念。

2. 掌握定义块属性的操作方法。

⊙ 任务描述

用"定义属性"命令将表面结构符号定义为一个带属性的块，块名为 ccd，并将其插入图形中，效果如图 7-2-1 所示。

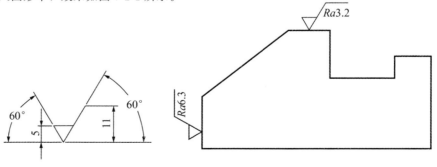

图 7-2-1　任务图

一、 块的属性概念

块的属性是从属于块的非图形信息，它是块的一个组成部分，并通过"定义属性"命令以字符串的形式表现出来。一个属性包括属性标记和属性值两部分内容，如"姓名"为属性标志，而具体的姓名"YangMing"为属性值。一个具有属性的图块应由两部分组成，即图形实体和属性。属性是块中的一个组成部分，在一个块中可包含多个属性，在应用时，属性可以显示或隐藏，还可以根据需要改变其属性值。

二、 定义属性

命令：ATTDEF。在功能区"默认"选项卡"块"选项组中单击🏷（定义属性）按钮，即可调用定义属性的命令。

执行 ATTDEF 命令，打开"属性定义"对话框，如图 7-2-2 所示。

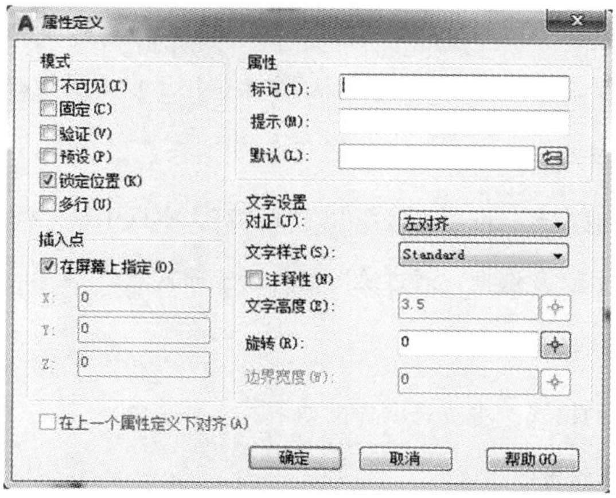

图 7-2-2　"属性定义"对话框

该对话框中各主要选项功能如下。

1."模式"选项组

设置属性的模式。

（1）"不可见"复选框

设置插入块后是否显示属性值，选中该复选框，表示属性不可见。

(2)"固定"复选框

设置属性是否为固定值。选中该复选框，表示属性为固定值。如果将属性设为非固定值，则插入块时可以输入其他值。

(3)"验证"复选框

设置插入块时是否校验属性值。

(4)"预设"复选框

确定当插入有预设属性值的块时，是否将该属性值设置为默认值。

(5)"锁定位置"复选框

确定是否锁定属性在块中的位置。如果未锁定位置，插入块后，可利用夹点功能改变属性的位置。

(6)"多行"复选框

指定属性值是否包含多行文字。

2."属性"选项组

"标记"文本框用于确定属性的标记；"提示"文本框用于确定插入块时，显示 AutoCAD 提示用户输入属性值的信息；"默认"文本框用于设置属性的默认值。

3."插入点"选项组

确定属性值的插入点，可以直接在"X""Y""Z"文本框中输入插入点的坐标，也可以选中"在屏幕上指定"复选框，通过绘图窗口指定插入点。

4."文字设置"选项组

确定属性文字的格式。主要选项含义如下。

(1)"对正"下拉列表框

确定属性文字相对于指定的插入点的排列方式。

(2)"文字样式"下拉列表框

确定属性文字的样式。

(3)"文字高度"文本框

指定属性文字的高度。

(4)"旋转"文本框

指定属性文字行的旋转角度。

（5）"边界宽度"文本框

当属性值采用多行文字时，指定多行文字属性的最大长度。

5."在上一个属性定义下对齐"复选框

当定义多个属性时，选中该复选框，表示当前属性采用上一个属性的文字样式、字高以及旋转角度，并另起一行按照上一个属性的对正方式进行排列。选中此复选框，"插入点"与"文字设置"选项组变为不可用状态。

将"属性定义"对话框中的各项设置好后，单击"确定"按钮，完成属性定义。用户可以用上述方法为块定义多个属性。

三、 修改属性定义

定义块属性后，可以修改属性定义中的属性标记、提示以及默认值。实现该功能的命令为 TEXTEDIT，选择"修改"菜单中的"对象"｜"文字"｜"编辑"即可调用该命令。执行该命令，命令行提示如下内容。

选择注释对象或 [放弃(U) 模式(M)]：

在该提示下选择属性定义标记后，打开"编辑属性定义"对话框，如图 7-2-3 所示。用户可以通过该对话框设置属性定义的属性标记、提示和默认值。

图 7-2-3　"编辑属性定义"对话框

四、 属性显示控制

插入含有属性的块后，可以设置各属性值的可见性。实现此功能的命令为 ATTDISP，选择"视图"菜单中的"显示"｜"属性显示"中的相应子菜单即可调用该命令，如图 7-2-4 所示。

其中，"普通(N)"选项表示将按定义属性时规定的可见性模式显示各属性值，"开(O)"选项将会显示所有属性值，"关(F)"选项则不显示所有属性值。

图 7-2-4 属性显示控制

五、 增强属性编辑器

在插入了带有属性的图块之后，在图块上双击鼠标左键，启动编辑属性命令，对话框如图 7-2-5 所示。

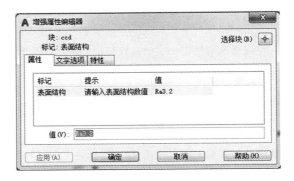

图 7-2-5 "增强属性编辑器"对话框

在这个编辑器中，可对块的属性值、文字、特性等做快捷的修改。修改结束后，直接单击"确定"按钮即可。

实践活动

No.1 定义属性

①按尺寸绘制粗糙度符号，如图 7-2-6 所示。

图 7-2-6 绘制粗糙度符号

②单击 （定义属性）按钮，调用定义属性的命令，打开"属性定义"对话框，在"属性"选项组"标记"文本框中输入"表面结构"，"提示"文本框中输入"请输入表面结

构数值"，"默认"文本框中输入"$Ra12.5$"。

在"文字设置"选项组中设定文字样式为"工程文字"、文字高度为"3.5"、对正方式为"右对齐"，单击"确定"按钮，如图 7-2-7 所示。

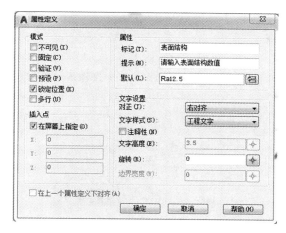

图 7-2-7 "属性定义"对话框

③在表面结构符号上拾取一点作为属性文字的定位点，如图 7-2-8 所示。至此完成属性定义，效果如图 7-2-9 所示。

图 7-2-8 拾取定位点   图 7-2-9 完成属性定义

No.2 定义块

④单击 ▱（创建块）按钮，调用定义块的命令，将表面结构符号定义为块，块名为 ccd，设置基点为符号最下方顶点，如图 7-2-10 所示。

图 7-2-10 指定基点

⑤单击 确定 按钮，弹出"编辑属性"对话框，单击 确定 即完成带有属性的块的定义，效果如图 7-2-11 所示。

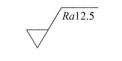

图 7-2-11　定义块完成效果

No.3　插入块

⑥单击 按钮下的小黑三角，在下拉列表中直接选择要插入的块，如图 7-2-12 所示。

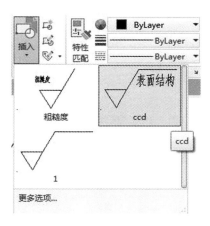

图 7-2-12　选择要插入的块

命令行提示如下内容：

    ⊡▾ -INSERT 指定插入点或 [基点(B) 比例(S) X Y Z 旋转(R)]：

根据命令行提示在图形上指定 A 点作为插入点，如图 7-2-14 所示，在弹出的"编辑属性"对话框中输入 $Ra3.2$，单击 确定 按钮，完成效果如图 7-2-14 所示。

⑦重复"插入块"命令，根据命令行提示选择"旋转(R)"，指定旋转角度 $90°$，如图 7-2-13 所示。在图形上指定 B 点作为插入点，如图 7-2-14 所示，在弹出的"编辑属性"对话框中输入 $Ra6.3$，单击 确定 按钮，完成效果如图 7-2-14 所示。

    指定插入点或 [基点(B)/比例(S)/X/Y/Z/旋转(R)]： r
    指定旋转角度 <0>： 90
    ⊡▾ -INSERT 指定插入点或 [基点(B) 比例(S) X Y Z 旋转(R)]：

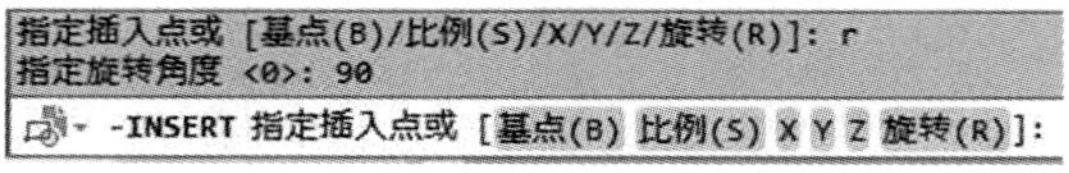

图 7-2-13　指定插入块的旋转角度

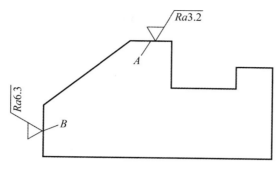

图 7-2-14 插入块完成效果

专业对话

在绘图中，哪些情况下适合使用定义带有属性的块，谈谈你的想法吧！

任务评价

考核标准见表 7-2-1。

表 7-2-1 考核标准

序号	检测内容	检测项目	分值	要求	学生自评得分	教师评价得分
1	块的属性	块的属性的相关概念	15	操作正确无误		
2		定义属性	15			
3		定义带有属性的块	15			
4		插入块	15			
5	知识运用	运用所学知识按要求完成操作	20	操作正确无误		
6	安全规范	使用正确的方法启动、关闭计算机	10	按照要求操作		
7		注意安全用电规范，防止触电	10			
				合计		

→ **拓展活动**

一、选择题

1. 在定义块属性时，要使属性为定值，可选择(　　)模式。

A. 不可见　　　　　B. 固定　　　　　　C. 验证　　　　　　D. 预置

2. 编辑块属性的途径有(　　)。(多选)

A. 单击属性定义进行属性编辑　　　　B. 双击包含属性的块进行属性编辑

C. 应用块属性管理器编辑属性　　　　D. 只可以用命令进行属性编辑

3. 下列关于定义块属性的说法，正确的是(　　)。(多选)

A. 块必须定义属性　　　　　　　　　B. 一个块中最多只能定义一个属性

C. 多个块可以共用一个属性　　　　　D. 一个块中可以定义多个属性

二、上机实践

用"定义属性"命令将标题栏定义为一个带属性的块，块名为 BTL，并按图 7-2-15 所示内容，填写图名、制图人的姓名、日期、比例、材料、图号、学校和班名，并将该块插入 A4 图幅中去。

图 7-2-15　上机实践图

项目八
使用辅助工具

→ 项目导航

为了提高系统整体的图形设计效率，并有效地管理整个系统的所有图形设计文件，AutoCAD 2019 经过不断地探索和完善，推出了大量的集成化绘图工具，利用设计中心和工具选项板，用户可以建立自己的个性化图库，也可以利用别人提供的强大的资源快速准确地进行图形设计。

本章主要介绍查询工具、编组和设计中心等知识。

→ 学习要点

1. 会使用查询命令。

2. 会使用编组。

3. 会使用 AutoCAD 设计中心。

任务一　查询命令

→ 任务目标

掌握查询命令的操作方法。

→ 任务描述

查询图 8-1-1 所示图形的属性。

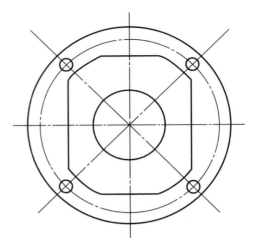

图 8-1-1 任务图

→ **学习活动** ───────────────────────────────

  在绘制图形或阅读图形的过程中，有时需要即时去查询图形对象的相关数据，比如对象之间的距离、图形表面面积等。为了方便地完成这些查询工作，AutoCAD 提供了相关的查询命令。

  在菜单栏选择"工具"｜"查询"命令，会出现 11 种属性可供查询，如图 8-1-2 所示。

图 8-1-2 "查询"命令

1. 查询距离

  选择"距离"选项，拾取需要查询的两点，命令行出现相关信息，如图 8-1-3 所示。

3. 绘制图 8-1-11 所示图形，并求 *AB* 的长度。

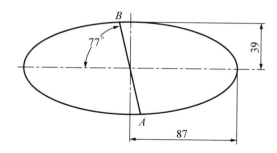

图 8-1-11 上机实践图三

任务二 编组

→ 任务目标

1. 会创建组。

2. 会命名组。

3. 会解除组。

4. 会编辑组。

→ 任务描述

将图 8-2-1 中的图形编组，并将组名命名为"hole"。

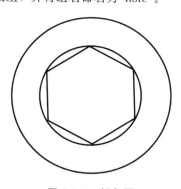

图 8-2-1 任务图

→ 学习活动

"组"是一种图形集合，同图块一样，组也是一个整体对象，但与图块不同的是，组更便于编辑。对于块来说，如果没有分解或者打开"块编辑器"对话框，那么是无法对图块进行修改的；但组就没有这个限制，在编组状态下，用户可以使用绝大部分编辑工具直接对组中的对象进行编辑，而不用将其解散。

命令：GROUP。可在组选项中调用该命令，如图 8-2-2 所示。

图 8-2-2　调用"组"命令

1. 创建组

执行 GROUP(组)命令有如下 4 种方式。

①选择"工具"｜"组" 命令。

②选择对象后，右键菜单中执行"组"｜"组"命令。

③在"组"工具栏中单击"组"按钮。

④在命令行输入"GROUP"后按回车键，命令行出现提示。

2. 解除编组

对于组来说，使用 EXPLODE(分解)命令是无法分解的，只能使用 UNGROUP(解除编组)命令来将组解散。

执行 UNGROUP(解除编组)命令有如下 4 种方式。

①选择"工具"｜"解除编组" 命令。

②选择对象后，右键菜单中执行"组"｜"解除编组"命令。

③在"组"工具栏中单击"解除编组"按钮。

④在命令行输入"UNGROUP"后按回车键，命令行出现提示。

3. 命名组

使用 GROUP(组)命令创建组的时候可以直接对组进行命名，如果创建时未命名，也可以通过 CLASSICGROUP(命名组)命令来命名。

执行 CLASSICGROUP(命名组)命令有如下两种方式。

第 1 种：单击"组"工具栏中的"命名组"按钮。

→ **拓展活动**

上机实践

将图 8-2-10 中的图形编组，并将组名命名为"polygon"。

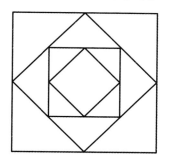

图 8-2-10　上机实践图

任务三　AutoCAD 设计中心

→ **任务目标**

1. 会使用设计中心插入图形。

2. 会使用设计中心复制图形。

→ **任务描述**

使用设计中心命令将图块插入，如图 8-3-1 所示。

图 8-3-1　任务图

→ **学习活动**

一、设计中心

对于一个设计绘图任务来说，分享设计内容与利用已有成果是提高工作效率的重要手段。AutoCAD 为用户提供了一个设计中心，用户可以把这个设计中心看成一个仓库，使用设计中心可以管理块、外部参照以及其他设计资源文件的内容，用户可以采用这些现成的资源以提高设计效率，因此 AutoCAD 的设计中心属于效率型工具。

二、 启用设计中心

通过设计中心，用户可以组织对图形、块、图案填充和其他图形内容的访问，可以将源图形中的任何内容拖动到当前图形中，可以将图形、块和填充拖动到工具选项板上。源图形可以位于用户的计算机上、网络位置或网站上。另外，如果打开了多个图形，则可以通过设计中心在图形之间复制和粘贴其他内容（如图层定义、布局和文字样式）来简化绘图过程。

命令：ADCENTER（ADC）。快捷键：Ctrl＋2。或选择"工具"｜"选项板"｜"设计中心"菜单命令，如图 8-3-2 所示。

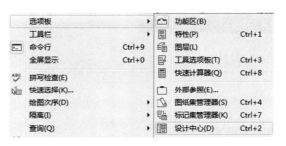

图 8-3-2 调用"设计中心"

执行上述操作后，系统打开"设计中心"选项板。第一次启动设计中心时，默认打开的选项卡为"文件夹"选项卡。内容显示区采用大图标显示，左边的资源管理器显示系统的树形结构，浏览资源的同时，在内容显示区显示所浏览资源的有关细目或内容，如图 8-3-3 所示。

可以利用鼠标拖动边框的方法来改变 AutoCAD 设计中心资源管理器的内容显示区以及 AutoCAD 绘图区的大小，但内容显示区的最小尺寸应能显示两列大图标。

如果要改变 AutoCAD 设计中心的位置，可以按住鼠标左键拖动它，松开鼠标左键后，AutoCAD 设计中心便处于当前位置，到新位置后，仍可用鼠标改变各窗口的大小，也可以通过设计中心边框左上方的"自动隐藏"按钮 来自动隐藏设计中心。

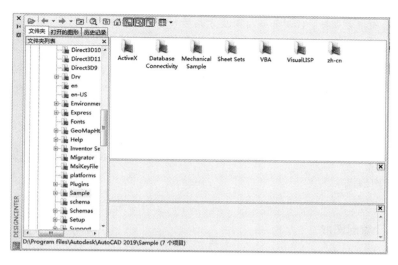

图 8-3-3　"设计中心"选项板

三、插入图形

在利用 AutoCAD 绘制图形时，可以将图块插入图形当中。将一个图块插入图形中时，块定义就被复制到图形数据库当中。在一个图块被插入图形之后，如果原来的图块被修改，则插入图形当中的图块也随之改变。当其他命令正在执行时，不能插入图块到图形当中。例如，如果在插入块时，提示行正在执行一个命令，此时光标变成一个带斜线的圆，提示操作无效。另外，一次只能插入一个图块。

AutoCAD 设计中心提供了插入图块的两种方法："利用鼠标指定比例和旋转方式"和"精确指定坐标、比例和旋转角度方式"。

1. 利用鼠标指定比例和旋转方式插入图块

根据光标拉出的线段长度、角度确定比例与旋转角度，插入图块的步骤如下。

①从文件夹列表或查找结果列表中选择要插入的图块，按住鼠标左键，将其拖动到打开的图形中。松开鼠标左键，此时选择的对象被插入当前被打开的图形当中。利用当前设置的捕捉方式，可以将对象插入存在的任何图形当中。

②在绘图区单击指定一点作为插入点，移动鼠标，光标位置点与插入点之间距离为缩放比例，单击确定比例。采用同样的方法移动鼠标，光标指定位置和插入点的连线与水平线的夹角为旋转角度。被选择的对象就根据光标指定的比例和角度插入图形当中。

2. 精确指定坐标、比例和旋转角度方式插入图块

利用该方法可以设置插入图块的参数。插入图块的步骤如下。

①从文件夹列表或查找结果列表中选择要插入的对象，拖动对象到打开的图形中。

②右击，可以选择快捷菜单中"缩放""旋转"等命令。

③在相应的命令行提示下输入比例和旋转角度等数值，被选择的对象根据指定的参数插入图形当中。

四、 复制图形

1. 在图形之间复制图块

利用 AutoCAD 设计中心可以浏览和装载需要复制的图块，然后将图块复制到剪贴板中，再利用剪贴板将图块粘贴到图形当中，具体方法如下。

①在"设计中心"选项板选择需要复制的图块，右击，选择快捷菜单中"复制"命令。

②将图块复制到剪贴板上，然后通过"粘贴"命令粘贴到当前图形上。

2. 在图形之间复制图层

利用 AutoCAD 设计中心可以将任何一个图形的图层复制到其他图形中，如果已经绘制了一个包括设计所需的所有图层的图形，在绘制新图形的时候，可以新建一个图形，并通过 AutoCAD 设计中心将已有的图层复制到新的图形当中，这样可以节省时间，并保证图形间的一致性

现对图形之间复制图层的两种方法做如下介绍。

①拖动图层到已打开的图形。确认要复制图层的目标图形文件被打开，并且是当前的图形文件。在"设计中心"选项板中选择要复制的一个或多个图层，按住鼠标左键拖动图层到打开的图形文件中，松开鼠标后被选择的图层即被复制到打开的图形当中。

②复制或粘贴图层到打开的图形。确认要复制图层的图形文件被打开，并且是当前的图形文件。在"设计中心"选项板中选择要复制的一个或多个图层，右击选择快捷菜单中的"复制"命令。如果要粘贴图层，确认粘贴的目标图形文件被打开，并为当前文件。

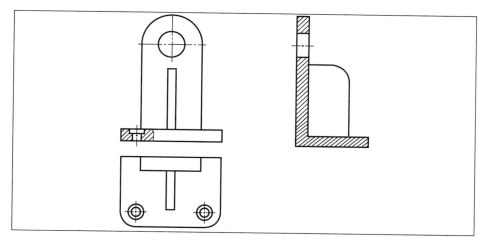

图 9-1-1 任务图

打印机：DWG To PDF. pc3。

图纸大小：A4(297 mm×210 mm)。

打印样式表：acad. ctb。

打印范围：图形界限。

打印偏移：居中打印。

比例：1∶1。

图形方向：横向。

（→）**学习活动** ━━━━━━━━━━━━━━━━━━━━━━━━━━━━●

一、 页面设置

命令：PAGESETUP。单击"文件"菜单中的"页面设置管理器"可调用该命令。执行 PAGESETUP 命令，打开"页面设置管理器"对话框，如图 9-1-2 所示。

在该对话框的右侧提供了"置为当前""新建""修改"和"输入"四个按钮，分别用于将在列表框中选中的页面设置设为当前设置、新建页面设置、修改已有的页面设置以及从已有图形中导入页面设置。

单击"新建"按钮，打开图 9-1-3 所示的"新建页面设置"对话框，设置"新页面设置名"，选择基础样式，打开"页面设置"对话框，如图 9-1-4 所示。

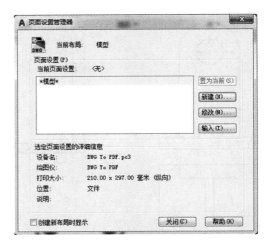

图 9-1-2   "页面设置管理器"对话框

图 9-1-3   "新建页面设置"对话框

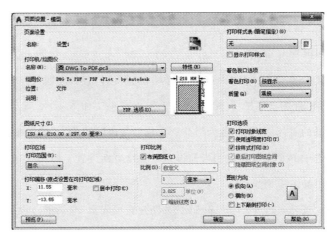

图 9-1-4   "页面设置"对话框

该对话框中各主要选项功能如下。

1."页面设置"选项组

用于显示当前页面设置的名称。

2."打印机/绘图仪"选项

给出打印机的名称、位置和说明。

3."打印样式表"选项组

用于选择、新建和修改打印样式表。

4."图纸尺寸"选项

设置输出图纸大小。

5."打印区域"选项组

用于确定图形的打印范围。其中，"窗口"选项，代表打印位于指定矩形窗口中的图形；"范围"选项，表示打印指定区域的图形；"图形界限"选项，表示将打印位于由"图形界限"命令设置的绘图范围内的全部图形；"显示"选项，表示将打印当前显示的图形。

6."打印偏移"选项

确定打印区域相对于图纸左下角的打印偏移值。

7."打印比例"选项组

设置图形的打印比例。

8."着色视口选项"选项组

用于设置打印三维图形时的打印模式。

9."打印选项"选项组

用于设置打印图形的方式。如果在绘图时直接对不同的线型设置了线宽，一般应选择"打印对象线宽"选项；如果需要用不同的颜色表示不同线宽的对象，则应选择"按样式打印"选项。

10."图形方向"选项组

用于确定图形的打印方向。

二、　打印与输出

命令：PLOT。单击"文件"菜单中的"打印"，即可调用打印命令。执行该命令，打开"打印"对话框,如图 9-1-5 所示。

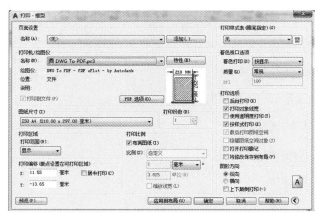

图 9-1-5 "打印"对话框

在"页面设置"选项组中的"名称"列表框中指定页面设置后,在其中显示与其对应的打印设置,也可以通过对话框中各选项进行单独设置。单击"预览"按钮,可以预览打印效果,单击"确定"按钮,即可将图形打印输出到图纸上。

单击界面左上角的图标 ,打开菜单浏览器,单击"输出",弹出快捷菜单,可将图形输出为其他格式,如图 9-1-6 所示。首先选择一种图形格式,如 PDF,然后会弹出"另存为 PDF"的对话框,选择保存路径并指定文件名称即可将图形输出为 PDF 格式文件。

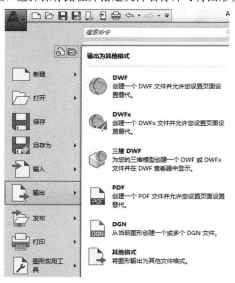

图 9-1-6 "输出"快捷菜单

→ **实践活动** ━━━━━━━━━━━━━━━━━━━━━━━━━━━━━●

No.1　页面设置

①单击"文件"菜单中的"页面设置管理器"，调用"页面设置"命令，打开图 9-1-2
所示的"页面设置管理器"对话框，单击 新建(N)... 按钮，打开图 9-1-3 所示的"新建
页面设置"对话框，指定"新页面设置名"为"设置 1"，基础样式为"模型"，单击
确定(O) 按钮，打开图 9-1-4 所示的"页面设置"对话框。

②对照任务要求，对"页面设置"对话框做图 9-1-7 所示的设置。

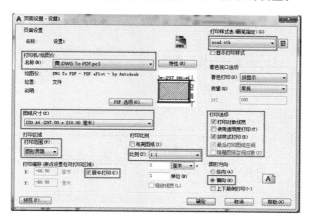

图 9-1-7　页面设置"设置 1"

No.2　打印输出

③单击"文件"菜单中的"打印"，调用打印命令，打开"打印"对话框，如图 9-1-8
所示。单击 确定 按钮，完成打印设置。

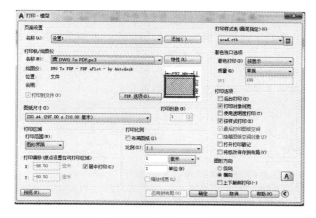

图 9-1-8　打印"设置 1"

→ **专业对话** ────────────────────────────

你学会页面设置与打印了吗？尝试将图形文件以其他格式输出吧！

→ **任务评价** ────────────────────────────

考核标准见表 9-1-1。

表 9-1-1　考核标准

序号	检测内容	检测项目	分值	要求	学生自评得分	教师评价得分
1	页面设置与打印	页面设置	30	操作正确无误		
2		打印输出	30			
3	知识运用	运用所学知识按要求完成操作	20	操作正确无误		
4	安全规范	使用正确的方法启动、关闭计算机	10	按照要求操作		
5		注意安全用电规范，防止触电	10			
					合计	

→ **拓展活动** ────────────────────────────

一、选择题

1. 在模型空间中，我们可以按传统的方式进行绘图编辑操作。一些命令只适用于模型空间，如( )命令。

A. 鸟瞰视图　　　B. 三维动态观察器 C. 实时平移　　　D. 新建视口

2. 在打印样式表栏中选择或编辑一种打印样式，可编辑的扩展名为( )。

A. WMF　　　　B. PLT　　　　C. CTB　　　　D. DWG

3. 下面哪个选项不属于图纸方向设置的内容？( )

A. 纵向　　　　B. 反向　　　　C. 横向　　　　D. 逆向

二、上机实践

打开图 9-1-9 进行页面设置并打印，要求如下。

打印机：Microsoft Office Document Image Writer。

专业对话

轴类零件的表达通常使用主视图与断面图结合的形式，尝试总结一下使用 Auto-CAD 绘制轴类零件图的一般步骤吧！

任务评价

考核标准见表 10-1-2。

表 10-1-2　考核标准

序号	检测内容	检测项目	分值	要求	学生自评得分	教师评价得分
1	绘制轴类零件图	设置图形界限、图层、线型比例	5	操作正确无误		
2		绘制主视图、断面图、图框、标题栏	20			
3		标注尺寸、形位公差、表面结构符号	25			
4		书写技术要求和标题栏	10			
5	知识运用	运用所学知识按要求完成操作	20	操作正确无误		
6	安全规范	使用正确的方法启动、关闭计算机	10	按照要求操作		
7		注意安全用电规范，防止触电	10			
			合计			

拓展活动

上机实践

绘制齿轮轴零件图，如图 10-1-10 所示。图幅选用 A3，绘图比例 1∶1，尺寸字高为 3.5 mm，技术要求和标题栏字高为 5 mm。

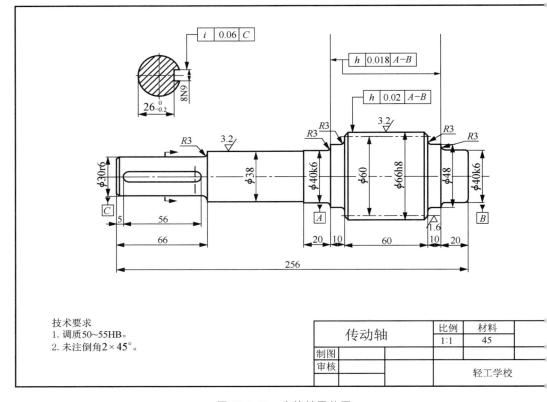

技术要求
1. 调质50~55HB。
2. 未注倒角2×45°。

传动轴		比例	材料
		1:1	45
制图			
审核		轻工学校	

图 10-1-10　齿轮轴零件图

任务二　绘制箱体类零件图

任务目标

1. 掌握使用 AutoCAD 绘制箱体类零件图的一般步骤。

2. 掌握绘制箱体类零件图的方法和技巧。

3. 掌握箱体类零件图中尺寸、形位公差和表面结构符号的标注方法。

任务描述

绘制图 10-2-1 所示的涡轮箱零件图。

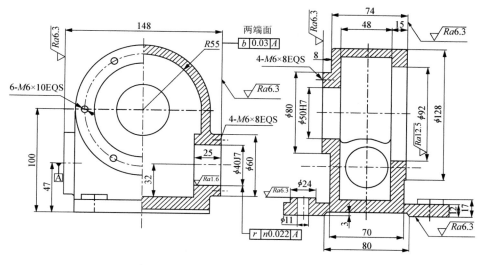

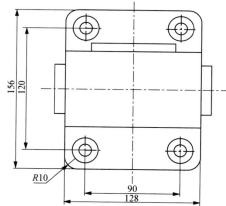

图 10-2-1 涡轮箱零件图

实践活动

①根据表 10-2-1，创建图层。

表 10-2-1 图层列表

名称	颜色	线型	线宽/mm
轮廓线层	黑色	Continous	0.3
中心线层	红色	CENTER	0.15
剖面线层	蓝色	Continous	0.15
文字层	蓝色	Continous	0.15
尺寸标注层	蓝色	Continous	0.15

②设定绘图区域大小为 420 mm×297 mm，设置线型比例为 0.3。

③切换到中心线层，使用"直线""偏移"等命令，结合极轴追踪、对象捕捉绘制定位线，如图 10-2-2 所示。

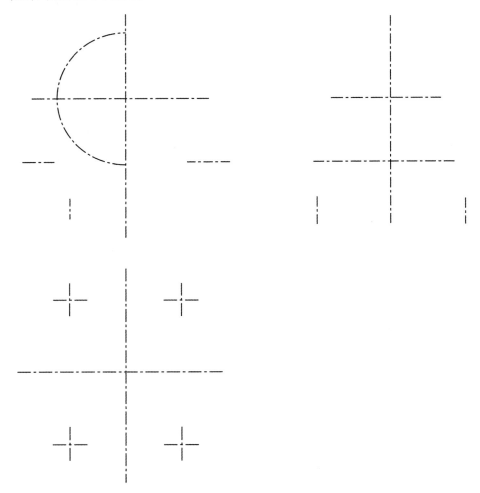

图 10-2-2　绘制定位线

④切换到轮廓线层，使用"圆""直线""偏移""修剪"等命令绘制主视图中圆和直线的轮廓线，以及俯视图，如图 10-2-3 所示。

⑤使用"直线""圆""偏移""修剪"等命令绘制左视图，其中左视图中的一段圆弧，可采用"圆弧"命令中"三点法"绘制，如图 10-2-4 所示。

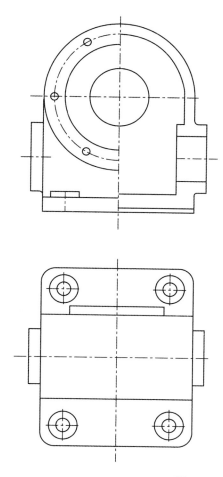

图 10-2-3　绘制主视图和俯视图

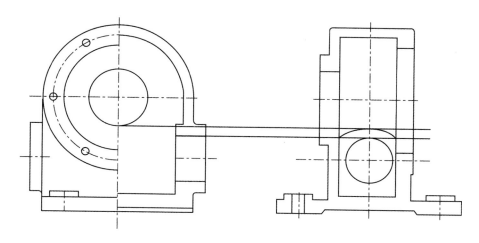

图 10-2-4　绘制左视图

⑥使用圆角命令，倒圆角，其中主视图中未注圆角半径为 3 mm，俯视图中四个圆角半径为 10 mm，左视图中圆弧与直线相连接的圆角半径为 5 mm，其余未注圆角半径为 3 mm，如图 10-2-5 所示。在主视图和左视图中倒圆角时，最好将"修剪（T）"选项设置为"不修剪"。

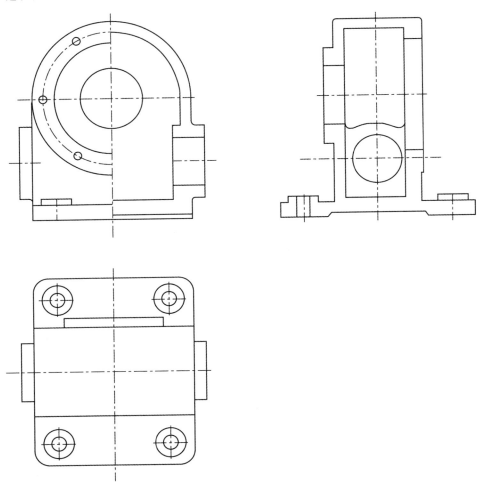

图 **10-2-5** 倒圆角

　　⑦切换到剖面线层，使用"图案填充"命令在主视图和左视图中添加剖面线，如图 10-2-6 所示。

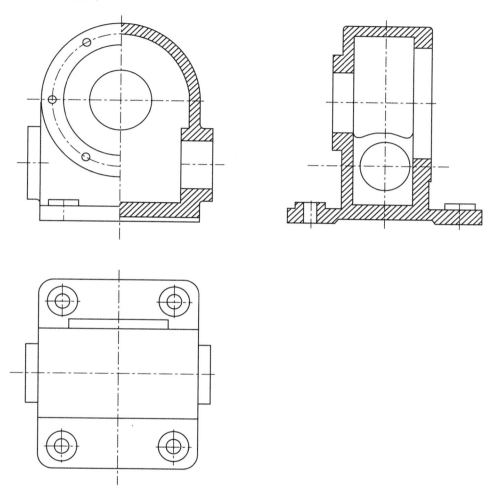

图 **10-2-6**　添加剖面线

⑧切换到尺寸标注层，对三视图添加尺寸标注；切换到文字层，书写技术要求；打开"显示线宽"按钮，完成零件图绘制，如图 10-2-7 所示。

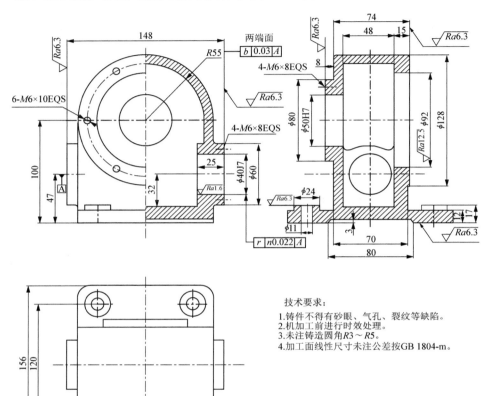

图 10-2-7　完成零件图绘制

技术要求：
1. 铸件不得有砂眼、气孔、裂纹等缺陷。
2. 机加工前进行时效处理。
3. 未注铸造圆角R3～R5。
4. 加工面线性尺寸未注公差按GB 1804-m。

专业对话

箱体类零件的表达通常使用三视图、剖视以及局部视图的形式，尝试总结一下使用 AutoCAD 绘制箱体类零件图的一般步骤吧！

任务评价

考核标准见表 10-2-2。

表 10-2-2 考核标准

序号	检测内容	检测项目	分值	要求	学生自评得分	教师评价得分
1	绘制箱体类零件图	设置图形界限、图层、线型比例	5	操作正确无误		
2						
3		绘制三视图	20			
4		倒圆角与添加剖面线	10			
5		尺寸标注	20			
6		书写技术要求	5			
7	知识运用	运用所学知识按要求完成操作	20	操作正确无误		
8	安全规范	使用正确的方法启动、关闭计算机	10	按照要求操作		
9		注意安全用电规范，防止触电	10			
				合计		

拓展活动

上机实践

绘制图 10-2-8 所示的箱体零件图。

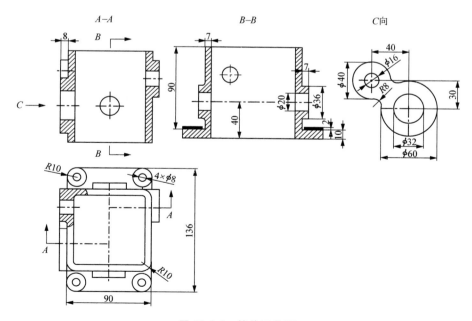

图 10-2-8 箱体零件图

三维绘图编

项目十一

三维绘图基础

➔ 项目导航

本项目主要介绍 AutoCAD 软件三维绘图基础知识，包括三维坐标系的新建方法、三维坐标值的输入方法、三维坐标系的变换，视点、视图、视口、视觉样式的概念，以及熟练地使用相关命令，动态观察三维图形。

➔ 学习要点

1. 理解三维坐标系在三维绘图中的作用。

2. 掌握三维坐标值的输入方法。

3. 掌握三维坐标系的变换方法。

4. 学会三维坐标系的新建方法。

5. 理解视点、视图、视口、视觉样式的概念。

6. 熟练地使用相关命令，动态观察三维图形。

任务一　**三维坐标系**

⊙ **任务目标**

1. 理解三维坐标系在三维绘图中的作用。

2. 掌握三维坐标值的输入方法。

3. 掌握三维坐标系的变换方法。

4. 学会三维坐标系的新建方法。

⊙ **任务描述**

1. 两点法绘制 100 mm×200 mm×300 mm 的长方体。

2. 新建 UCS，坐标原点为(100，200，300)，X、Y、Z 坐标轴方向不变，如图 11-1-1 所示。

3. 将图 11-1-1 中的坐标系绕 X 轴旋转 90°，如图 11-1-2 所示。

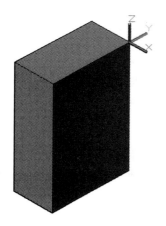

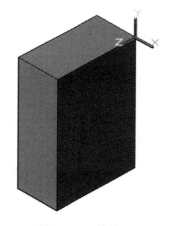

图 11-1-1　新建坐标原点　　　　　　图 11-1-2　旋转坐标轴

⊙ **学习活动**

一、三维坐标系

三维坐标系由三个互相垂直并相交的坐标轴 X、Y、Z 组成。在 AutoCAD 2019 中，有 WCS 和 UCS 两种。

WCS——AutoCAD 构造新图形时将自动使用 WCS。虽然 WCS 不可更改，但可以从任意角度、任意方向来观察或旋转。

UCS——相对于世界坐标系，用户可根据需要创建无限多的坐标系，这些坐标系称为用户坐标系。

1. 定义 UCS

在"功能区"选项板中选择"常用"选项卡，在"坐标"面板(如图 11-1-3 所示)中可以对坐标系进行定义、保存、恢复和移动等一系列操作。或在快速访问工具栏选择"显示菜单栏"命令，在弹出的菜单中选择"工具"|"新建 UCS"(如图 11-1-4 所示)，也可以对坐标系进行定义、保存、恢复和移动等一系列操作。

图 11-1-3　坐标面板　　　　　　图 11-1-4　坐标菜单

下面介绍创建 UCS 的几种常用方法。

(1)根据三点创建 UCS

根据三点创建 UCS 是最常用的创建方法之一，是根据 UCS 的原点以及 X、Y 轴正方向上的点来创建新 UCS。单击菜单"工具"|"新建 UCS"|"三点"可实现该操作。调用该命令，AutoCAD 提示如下内容。

指定新原点：　//指定新 UCS 的坐标原点位置

在 X 轴范围上指定点：　//指定新 UCS 的 X 轴正方向上的任意一点

在 UCS XY 平面的正 Y 轴范围上指定点：　//指定新 UCS 的 Y 轴正方向上的任意一点

(2)通过改变原坐标系的原点位置创建新 UCS

可以通过将原坐标系随其原点平移到某一位置的方式创建新 UCS。由此方法得到的新 UCS 的各坐标轴方向与原 UCS 的坐标轴方向一致。单击菜单"工具"|"新建

UCS"|"原点"可实现该操作。调用该命令，AutoCAD 提示如下内容。

指定新原点<0，0，0>：

在此提示下指定 UCS 的新原点位置，即可创建出对应的 UCS。

(3)将原坐标系绕某一条坐标轴旋转一定的角度创建新 UCS

可以将原坐标系绕其某一条坐标轴旋转一定的角度来创建新 UCS。单击菜单"工具"|"新建 UCS"|"X(或 Y、Z)"可将原 UCS 绕 X 轴(或 Y 轴或 Z 轴)旋转。例如，选择菜单"工具"|"新建 UCS"|"X"，AutoCAD 提示如下内容。

指定绕 X 轴的旋转角度：

在此提示下输入对应的角度值，然后按回车键，即可创建出对应的 UCS。

(4)返回到前一个 UCS 设置

单击菜单"工具"|"新建 UCS"|"上一个"，可以将 UCS 返回到上一个 UCS 设置。

(5)创建 XY 面与计算机屏幕平行的 UCS

单击菜单"工具"|"新建 UCS"|"视图"，可以创建 XY 面与计算机屏幕平行的 UCS。进行三维绘图时，需要在当前视图进行标注文字等操作时，一般应首先创建此类 UCS。

(6)恢复到 WCS

单击菜单"工具"|"新建 UCS"|"世界"，可以将当前坐标系恢复到 WCS。

2. 命名 UCS

在快速访问工具栏中选择"显示菜单栏"命令，在弹出的菜单中选择"工具"|"命名 UCS"，弹出如图 11-1-5 所示对话框。

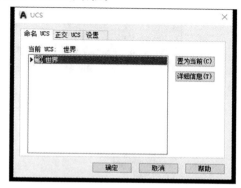

图 11-1-5　命名 UCS

"命名 UCS"选项卡中各个选项的含义如下。

"当前 UCS"：显示当前 UCS 的名称。如果该 UCS 未被保存和命名，则显示为"未命名"。

"UCS 名称列表"：在该列表中列出当前图形中定义的坐标系。

"置为当前"：恢复选定的坐标系。选中列表中的坐标系，将其设置为当前绘图坐标系。

"详细信息"：选中列表中的坐标系，单击"详细信息"来查看该坐标系的详细信息。

二、三维坐标值的表示与输入

三维坐标值的表示与二维坐标值的表示类似，不同的是三维坐标值多了一个值，用来表示空间的高度。例如，要绘制一个 100 mm×100 mm×100 mm 的立方体，可以使用指定空间对角点的方式创建。首先，指定第一个角点坐标(0，0，0)，然后，指定第二个角点坐标(100，100，100)。

(→) **实践活动**

No.1 绘制长方体

①在命令行输入 BOX，命令行提示如下内容。

指定第一个角点或[中心(C)]：   //输入 0，0，0

指定其他角点或[立方体(C)/长度(L)]：   //输入 100，200，300

结果如图 11-1-6 所示。

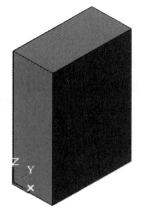

图 11-1-6　创建长方体

No.2　新建 UCS

②单击菜单"工具"｜"新建 UCS"｜"原点"，命令行提示如下内容。

指定新原点<0，0，0>：　　//输入 100，200，300

结果如图 11-1-7 所示。

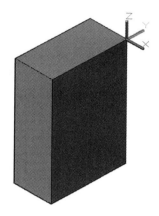

图 11-1-7　指定新原点

No.3　旋转坐标系

③单击"工具"｜"新建 UCS"｜"X"，命令行提示如下内容。

指定绕 X 轴的旋转角度<90>：　//按回车键确定

结果如图 11-1-8 所示。

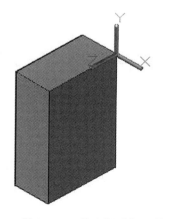

图 11-1-8　将坐标系统 X 轴旋转

⊙ **专业对话** ————————————————————————————————————●

在 AutoCAD 软件里面如何输入三维坐标(200，300，400)？

⊙ **任务评价** ————————————————————————————————————●

考核标准见表 11-1-1。

表 11-1-1 考核标准

序号	检测内容	检测项目	分值	要求	学生自评得分	教师评价得分
1	三维坐标系	新建 UCS	10	操作正确无误		
2		变换 UCS	10			
3		命名 UCS	10			
4		三维坐标值的输入	10			
5	知识运用	运用所学知识按要求完成操作	40	操作正确无误		
6	安全规范	使用正确的方法启动、关闭计算机	10	按照要求操作		
7		注意安全用电规范，防止触电	10			
				合计		

⊙ **拓展活动** ————————————————————————————————————●

一、选择题

1. 在 AutoCAD 中，系统提供的几种坐标系统为(   )。(多选)

A. 笛卡儿坐标系　　　　　　　　　B. 世界坐标系

C. 用户坐标系　　　　　　　　　　D. 球坐标系

2. 默认情况下用户坐标系统与世界坐标系统的关系，下面(   )说法正确。

A. 不相重合　　　　　　　　　　　B. 同一个坐标系

C. 相重合　　　　　　　　　　　　D. 有时重合有时不重合

二、上机实践

打开图形文件，为楔形体新建如图 11-1-9 所示的 UCS。

图 11-1-9 上机实践图

任务二 三维图形观察与显示

⊙ 任务目标

1. 理解视点、视图、视口、视觉样式的概念。

2. 会设置合适的视点并命名合适的视图来观察三维图形。

3. 会设置合适的视口和视觉样式来显示三维图形。

4. 熟练地使用相关命令，动态观察三维图形。

⊙ 任务描述

打开图 11-2-1 中的实体，设置合适的视点，并用不同的视图、视口和视觉样式来观察和显示，并且能够动态地观察三维图形。

图 11-2-1 任务图

⊙ 学习活动

一、 视口

将绘图区域拆分成一个或多个相邻的矩形视图，这个矩形视图称为视口。视口可以简单地理解为"查看和编辑图形的窗口"。

　　视口命令是 VPORTS，单击"视图"选项卡中的"模型视口"选项组（如图 11-2-2 所示），或在"视图"菜单中选择"视口"，均可调用视口命令。

图 11-2-2　"模型视口"选项组

对于视口有下列主要操作。

1. 视口配置

图 11-2-3 所示的一系列"视口配置"类型，用于创建新视口。

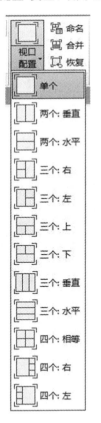

图 11-2-3　视口配置

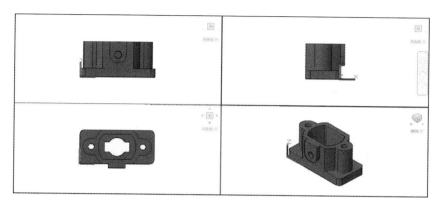

图 11-2-12 设置视图

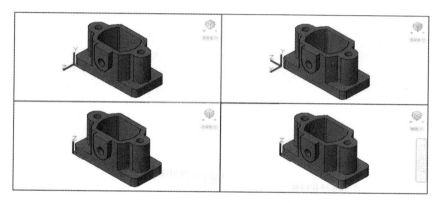

图 11-2-13 编辑视图

No.2 设置视觉样式

⑦单击左上侧视口，单击菜单"视图"|"视觉样式"中的"二维线框"。

⑧单击右上侧视口，单击菜单"视图"|"视觉样式"中的"消隐"。

⑨单击左下侧视口，单击菜单"视图"|"视觉样式"中的"勾画"。

⑩单击右下侧视口，单击菜单"视图"|"视觉样式"中的"概念"。操作结果如图 11-2-14 所示。

No.3 动态观察

⑪单击菜单"视图"|"视口"|"一个视口"。

⑫单击"导航栏"中的全导航控制盘按钮，弹出全导航控制盘，将光标放在动态观察按钮上，如图 11-2-15 所示。按住并移动鼠标，动态观察图形，如图 11-2-16 所示。

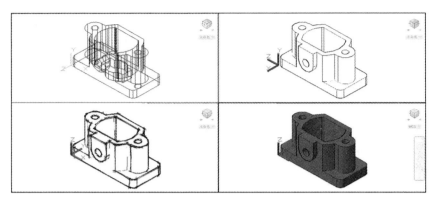

图 11-2-14　设置视觉样式

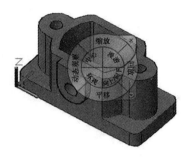

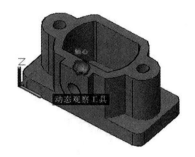

图 11-2-15　打开全导航控制盘　　　　　　图 11-2-16　动态观察

　　注意：在动态观察之前，可以先将光标放到旋转中心处，单击"中心"按钮，设置一下动态观察的旋转点。

➔ 专业对话

　　在 AutoCAD 软件里面如何设置合适的视口和视觉样式显示三维图形？

➔ 任务评价

考核标准见表 11-2-1。

表 11-2-1　考核标准

序号	检测内容	检测项目	分值	要求	学生自评得分	教师评价得分
1	三维图形观察与显示	设置视口	20	操作正确无误		
2		设置视觉样式	20			
3		动态观察图形	20			

续表

序号	检测内容	检测项目	分值	要求	学生自评得分	教师评价得分
4	知识运用	运用所学知识按要求完成操作	20	操作正确无误		
5	安全规范	使用正确的方法启动、关闭计算机	10	按照要求操作		
6		注意安全用电规范，防止触电	10			
				合计		

拓展活动

一、选择题

1. 在 AutoCAD 中，要将左右两个视口改为左上、左下、右三个视口可选择（   ）命令。

A."视图"｜"视口"｜"一个视口"　　　B."视图"｜"视口"｜"三个视口"

C."视图"｜"视口"｜"合并"　　　D."视图"｜"视口"｜"两个视口"

2. 在一个视图中，一次最多可创建（   ）个视口。

A. 2　　　　B. 3　　　　C. 4　　　　D. 5

二、上机实践

1. 为图 11-2-17 所示的三维图形选择合适的视图和视口，并选择不同的视觉样式，做出图 11-2-18 所示的效果图。

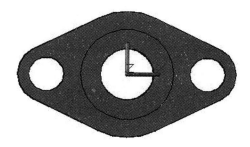

图 11-2-17　三维图形

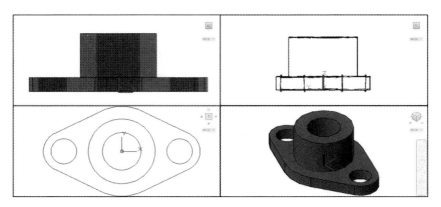

图 11-2-18   视觉样式效果范例

2. 使用不同的方式，动态观察图 11-2-17 所示的三维图形。

项目十二

创建简单基本体

➔ 项目导航

众所周知，复杂的图形也是由一些简单的常见图形组成的。在 AutoCAD 中绘制三维实体时，也会用到一些常用的基本实体，包括长方体、球体、圆柱体、圆锥体等，本项目主要介绍如何创建这些基本实体。

➔ 学习要点

1. 创建长方体、球体、圆柱体、圆锥体的操作方法。
2. 创建楔体、圆环体的操作方法。

任务 创建简单基本体

➔ 任务目标

同学习要点。

➔ 任务描述

按照表 12-1-1 所列参数，创建基本实体。

表 12-1-1   基本体参数

长方体	圆柱体	球体	圆锥体	圆环体	楔形体
$100 \times 100 \times 100$	$\phi 50 \times 100$	$S\phi 100$	$\phi 100 \times 100$	$\phi 100 \times \phi 20$	$100 \times 100 \times 100$

➔ 学习活动

在 AutoCAD 中，用户可以建立基本三维实体模型，包括长方体、圆柱体、球体、圆锥体、圆环体、楔形体等。可以使用"绘图"｜"建模"命令中的子命令或在"功能区"选项板中选择"常用"选项卡，在"建模"选项组中单击相应的按钮来完成相应基本体对象的创建，如图 12-1-1 所示。

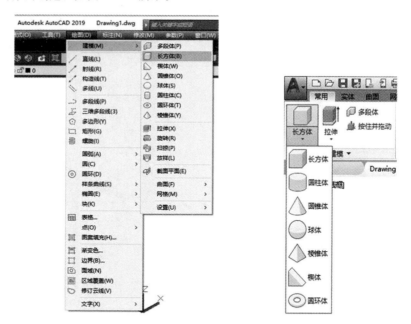

图 12-1-1   基本体建模菜单与建模选项组

一、 长方体

单击"建模"选项组中的 ⬛，绘制长方体的方法有以下两种。

①指定长方体的两个角点和高度。

②指定长方体的长度、宽度和高度。

若要建立立方体，直接输入边长就可以了。调用长方体命令，命令窗口中会显示图 12-1-2 所示的提示，其中各选项的含义如下。

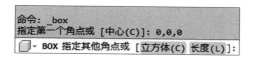

图 12-1-2　调用长方体命令

立方体(C)：选择该选项，根据系统提示输入立方体的边长，即可生成立方体。

长度(L)：选择该选项，可以根据确定的长方体边的长度、宽度和高度生成长方体。

绘制长方体的操作步骤如下。

①调用长方体命令 ▨ 。

②指定长方体的一个角点或中心点。

③指定另一个角点或者选立方体或者长度。

④指定长方体的长、宽、高或者立方体的边长。

二、　圆柱体

单击"建模"选项组中的 ▨ ，调用圆柱体命令。使用此命令绘制的柱体的高与底必须垂直。

绘制圆柱体的操作步骤如下。

①调用圆柱体命令 ▨ 。

②指定底面圆心或选择绘制椭圆柱体。

③指定底面圆半径或直径。

④指定高度或另一个圆心。

三、　球体

单击"建模"选项组中的 ▨ ，只需确定两个参数：球心位置和球的半径（或直径），即可生成球体。

绘制球体的操作步骤如下。

①调用球体命令 。

②指定球体球心。

③指定球体半径或直径。

四、 圆锥体

单击"建模"选项组中的 ，调用圆锥体命令，使用此命令可以绘制正圆锥或椭圆锥。

以圆做底面创建圆锥体的步骤如下。

①调用圆锥体命令 。

②指定底面圆心。

③指定底面圆半径或直径。

④指定高度。

以椭圆做底面创建圆锥体的步骤如下。

①调用圆锥体命令 。

②选择"椭圆（E）"选项。

③指定一个轴的端点。

④指定该轴的第二个端点。

⑤指定另一个轴的长度。

⑦指定高度，然后按回车键。

五、 圆环体

单击"建模"选项组中的 ，调用圆环体命令。

绘制圆环体的操作步骤如下。

①调用圆环体命令 。

②指定环体的中心。

③指定环体的半径。

④指定环体中管的半径。

六、 楔形体

单击"建模"选项组中的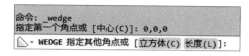，调用楔形体命令，命令窗口中会显示如图 12-1-3 所示的内容，其中各命令选项的含义如下。

图 12-1-3 楔形体命令窗口

立方体(C)：选择该选项，可以根据系统提示输入楔形体直角边的长度，建立直角边相等的楔形体。

长度(L)：选择该选项，可以根据系统提示输入楔形体的长度、宽度和高度生成楔形体。

绘制楔形体的操作步骤如下。

①调用楔形体命令▶。

②指定底面第一个角点的位置。

③指定底面对角点的位置，这两点之间的距离就是楔形体矩形底面的对角线长度。

④指定楔形体高度。

→ **实践活动** ————————————————————————————

No.1 绘制长方体

调用长方体命令█。

指定第一个角点或[中心(C)]： //输入 0, 0

指定其他角点或[立方体(C)/长度(L)]： //输入 100, 100

指定高度或[两点(2P)]： //输入 100

No.2 绘制圆柱体

调用圆柱体命令█。

指定底面的中心点或[三点(3P)/两点(2P)/切点、切点、半径(T)/椭圆(E)]：

//输入0,0

指定底面半径或[直径(D)]:　//输入25

指定高度或[两点(2P)/轴端点(A)]<100.0000>:　//输入100

No.3　绘制球体

调用球体命令。

指定中心点或[三点(3P)/两点(2P)/切点、切点、半径(T)]:　//输入0,0

指定半径或[直径(D)]<25.0000>:　//输入50

No.4　绘制圆锥体

调用圆锥体命令。

指定底面的中心点或[三点(3P)/两点(2P)/切点、切点、半径(T)/椭圆(E)]:
//输入0,0

指定底面半径或[直径(D)]<50.0000>:　//输入50

指定高度或[两点(2P)/轴端点(A)/顶面半径(T)]<100.0000>:　//输入100

No.5　绘制圆环体

调用圆环体命令。

指定中心点或[三点(3P)/两点(2P)/切点、切点、半径(T)]:　//输入0,0

指定半径或[直径(D)]<50.0000>:　//输入50

指定圆管半径或[两点(2P)/直径(D)]:　//输入10

No.6　绘制楔形体

调用楔形体命令。

指定第一个角点或[中心(C)]:　//输入0,0

指定其他角点或[立方体(C)/长度(L)]:　//输入100,100

指定高度或[两点(2P)]<100.0000>:　//输入100

专业对话

在AutoCAD中常用的基本体有哪些?

任务评价

考核标准见表12-1-2。

表 12-1-2 考核标准

序号	检测内容	检测项目	分值	要求	学生自评得分	教师评价得分
1	创建简单基本题	绘制长方体	10	操作正确无误		
2		绘制圆柱体	10			
3		绘制球体	10			
4		绘制圆锥体	10			
5		绘制圆环体	10			
6		绘制楔形体	10			
7	知识运用	运用所学知识按要求完成操作	20	操作正确无误		
8	安全规范	使用正确的方法启动、关闭计算机	10	按照要求操作		
9		注意安全用电规范，防止触电	10			
				合计		

→ 拓展活动

一、填空题

1. 在 AutoCAD 软件里面常用的基本体有_____、_____、_____、_____、_____、_____等。

2. 在创建长方体时有两种方式，一种是指定长方体的两个角点和_____，另一种是指定长方体的_____、_____和高度。

二、上机实践

按照表 12-1-3 所列参数，创建基本实体。

表 12-1-3 基本体参数

长方体	圆柱体	球体	圆锥体	圆环体	楔体
$10 \times 20 \times 50$	$\phi 40 \times 100$	$S\phi 50$	$\phi 50 \times 100$	$\phi 50 \times \phi 10$	$50 \times 50 \times 100$

项目十三

由二维图形创建三维实体

⊕ 项目导航

在 AutoCAD 中，通过拉伸、旋转、放样和扫掠等方法，可以将二维图形创建成三维实体或者曲面。本项目主要介绍拉伸、旋转、放样和扫掠命令的使用方法。

⊕ 学习要点

1. 掌握拉伸、旋转、放样和扫掠命令的操作步骤。

2. 会使用拉伸、旋转、放样和扫掠命令将二维图形创建成三维实体。

任务 由二维图形创建三维实体

⊕ 任务目标

同学习要点。

⊕ 任务描述

根据图纸完成三维实体的创建

1. 分别使用拉伸和旋转命令，完成图 13-1-1 所示实体的创建。

2. 使用放样命令，完成图 13-1-2 所示腰鼓实体的创建。

2. 对齐(A)

确定扫掠前是否将用于扫掠的对象垂直对齐于路径，然后进行扫掠。

3. 基点(B)

指定扫掠基点，即扫掠对象上的哪一点(或对象外的一点)沿扫掠路径移动。

4. 比例(S)

指定扫掠的比例因子，使从起点到终点的扫掠按此比例均匀放大或缩小。

5. 扭曲(T)

指定扭曲角度或倾斜角度，使在扫掠的同时，从起点到终点按给定的角度扭曲或倾斜。

四、 放样

通过一系列封闭曲线(横截面轮廓)创建三维实体。

命令：LOFT。

执行放样命令，AutoCAD 提示：

> **LOFT 按放样次序选择横截面或** [点(PO) 合并多条边(J) 模式(MO)]:

各命令选项功能如下。

1. 按放样次序选择横截面

按放样次序选择用于创建实体的对象。至少需要选择两条曲线。选择该选项，AutoCAD 提示：

> **LOFT 输入选项** [导向(G) 路径(P) 仅横截面(C) 设置(S)] <仅横截面>:

导向(G)：指定用于创建放样对象的导向曲线。导向曲线可以是直线，也可以是曲线。利用导向曲线能够以添加线框信息的方式进一步定义放样对象的形状。导向曲线应满足以下要求：要与每一个截面相交，起始于第一个截面并结束于最后一个截面。

路径(P)：指定用于创建放样对象的路径。此路径必须与所有截面相交。

仅横截面(C)：该选项表示只通过指定的横截面创建放样曲面，不使用导向和路径。

设置(S)：通过对话框进行放样设置。

2. 点(PO)

通过一点和指定的截面创建放样对象,此点可以是放样对象的起点,也可以是终点,但截面必须是封闭曲线。

3. 合并多条边(J)

表示将多条首尾连接的曲线作为一个截面创建放样曲面。

在 AutoCAD 2019 中,可以对面域和三维实体进行并集、差集和交集运算,从而创建更复杂的三维实体,这些运算我们称为布尔运算。

本项目中涉及了布尔运算的知识,在项目十四中将对布尔运算的使用方法进行详细的讲述。

→ **实践活动** ─────────────────────────────

No.1 拉伸创建实体

①根据图纸尺寸绘制拉伸截面,如图 13-1-6 所示:

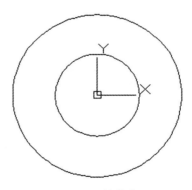

图 13-1-6 拉伸截面

②调用拉伸命令,命令行提示:

选择要拉伸的对象或[模式(MO)]:   //拾取外圆

指定拉伸的高度或[方向(D)/路径(P)/倾斜角(T)/表达式(E)]:   //输入-15

③重复拉伸命令,命令行提示:

选择要拉伸的对象或[模式(MO)]:   //拾取内圆

指定拉伸的高度或[方向(D)/路径(P)/倾斜角(T)/表达式(E)]<-15.0000>:

//输入 T

指定拉伸的倾斜角度或[表达式(E)]<0>:   //输入 9

指定拉伸的高度或[方向(D)/路径(P)/倾斜角(T)/表达式(E)]<-15.0000>：
//输入 60

说明：本实例中涉及的布尔运算知识，将在后续项目中详细讲解，本节省略。

No.2 旋转创建实体

④根据图纸尺寸绘制旋转截面，如图 13-1-7 所示。

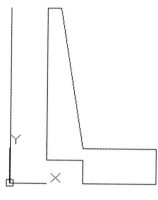

图 13-1-7 旋转截面

⑤调用旋转命令，命令行提示：

选择要旋转的对象或[模式(MO)]：　//拾取封闭轮廓

指定轴起点或根据以下选项之一定义轴[对象(O)/X/Y/Z]<对象>：　//选择
直线的上端点

指定轴端点：　//选择直线的下端点

指定旋转角度或[起点角度(ST)/反转(R)/表达式(EX)]<360>：　//按回车键
确定

No.3 放样创建实体

⑥绘制两个 $\phi 100$ 的圆和两个 $\phi 60$ 的圆，每个圆间隔高度为 30，如图 13-1-8 所示。

⑦调用放样命令，命令行提示：

按放样次序选择横截面或[点(PO)/合并多条边(J)/模式(MO)]：　//自上而下
或自下而上依次选取四个圆

选中了四个横截面

输入选项[导向(G)/路径(P)/仅横截面(C)/设置(S)]<仅横截面>：　//此时，

单击放样设置的三角符号，选择合适的方式生成外轮廓的形状，如图13-1-9所示

生成的实体如图13-1-10所示。

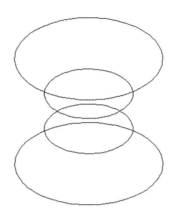

图 13-1-8　放样草图

图 13-1-9　放样设置

图 13-1-10　放样生成实体

No.4　扫掠创建实体

⑧利用螺旋命令，绘制圈数为10，圈高为10，直径为50的螺旋线。并绘制一个φ4 的圆，如图13-1-11所示。

⑨调用扫掠命令，命令行提示：

选择要扫掠的对象或[模式(MO)]：　　//拾取φ4 的小圆

选择要扫掠的对象或[模式(MO)]：　　//按回车键结束拾取

选择扫掠路径或[对齐(A)/基点(B)/比例(S)/扭曲(T)]：　　//拾取螺旋线

生成的实体如图 13-1-12 所示。

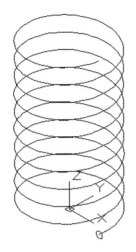

图 13-1-11 螺旋线　　　　　图 13-1-12 扫掠生成实体

➔ **专业对话**

在 AutoCAD 中由二维图形创建三维实体的命令有哪些？

➔ **任务评价**

考核标准见表 13-1-1。

表 13-1-1 考核标准

序号	检测内容	检测项目	分值	要求	学生自评得分	教师评价得分
1	由二维图形创建三维实体	拉伸创建三维实体	10	操作正确无误		
2		旋转创建三维实体	10			
3		放样创建三维实体	10			
4		扫掠创建三维实体	10			
5	知识运用	运用所学知识按要求完成操作	40	操作正确无误		
6	安全规范	使用正确的方法启动、关闭计算机	10	按照要求操作		
7		注意安全用电规范，防止触电	10			
			合计			

→ **拓展活动** ─────────────────────────────────●

一、填空题

1. 在 AutoCAD 软件中，通过＿＿＿＿、＿＿＿＿、＿＿＿＿和＿＿＿＿等方法，可以利用二维图形创建出三维实体或曲面。

2. 在 AutoCAD 软件中使用拉伸命令生成实体时，拉伸高度值可正可负，正值表示向 Z 轴＿＿＿＿拉伸，负值表示向 Z 轴＿＿＿＿拉伸。

二、上机实践

1. 利用拉伸等命令，按照图 13-1-13 所示要求创建实体模型。

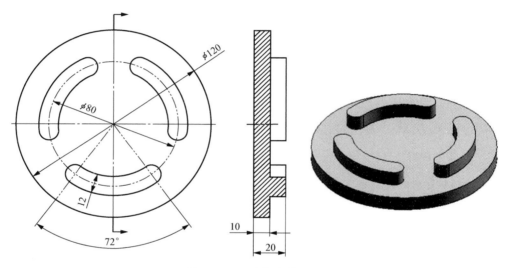

图 13-1-13　上机实践图一

2. 利用拉伸、旋转等命令，按照图 13-1-14 所示要求创建实体模型。

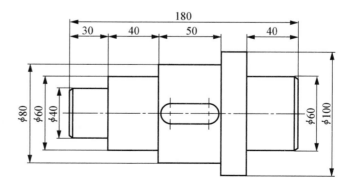

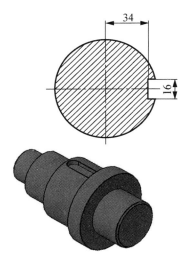

图 13-1-14　上机实践图二

3. 利用旋转、扫掠等命令，按照图 13-1-15 所示要求创建实体模型。

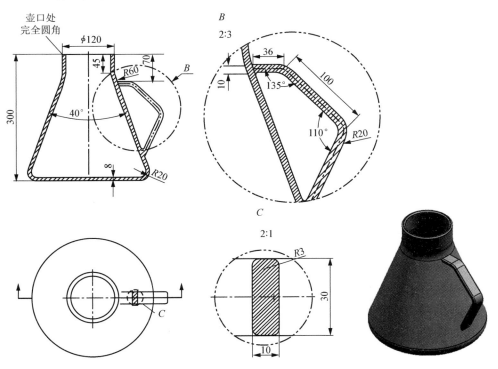

图 13-1-15　上机实践图三

4．利用放样命令，按照图 13-1-16 所示要求创建实体模型。

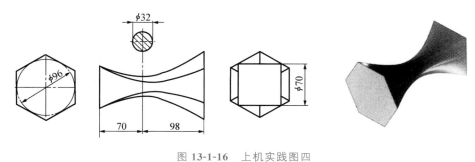

图 13-1-16　上机实践图四

项目十四
布尔运算

➔ 项目导航

布尔运算在数学的集合运算中得到广泛应用，Auto-CAD 也将该运算应用到了实体的创建过程中。用户可以对三维实体对象进行并集、交集、差集的运算。本项目将对布尔运算的操作进行详细的讲解。

➔ 学习要点

1. 理解面域和布尔运算的含义和作用。

2. 熟练运用并集运算、差集运算和交集运算对实体进行编辑。

任务 布尔运算

➔ 任务目标

同学习要点。

➔ 任务描述

对图 14-1-1 和图 14-1-2 所示的两个相交的实体对象分别进行并集运算、差集运算和交集运算。

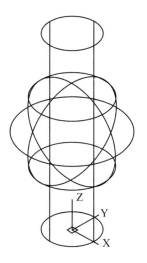
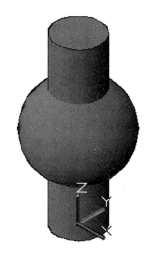

图 14-1-1　线框视图　　　　　图 14-1-2　概念视图

→ 学习活动

一、 面域

面域是具有边界的平面区域，内部可以包含孔。用户可以将由某些对象围成的封闭区域转变为面域。这些封闭区域可以是圆、椭圆、封闭二维多段线、封闭样条曲线等，也可以是由圆弧、直线、二维多段线和样条曲线等构成的封闭区域。

命令：REGION。可在菜单"绘图"｜"面域"中，调用该命令。执行命令中，根据提示选择要转变为面域的封闭图形对象，即可完成面域的创建。

二、 布尔运算

在 AutoCAD 2019 中，可以对面域和三维实体进行并集、差集和交集运算，从而创建更复杂的三维实体，这些运算称为布尔运算。

可以在"修改"菜单中的"实体编辑"命令中（如图 14-1-3 所示）或在"功能区"中选择"常用"选项卡，在"实体编辑"选项板中单击相应的按钮（如图 14-1-4 所示）来完成相应的布尔运算。

1. 并集运算

"并集"命令 UNION，可以合并选定的三维实体，生成一个新实体。该命令主要用于将多个相交或相接触的对象组合在一起。当组合一些不相交的实体时，其显示效果看起来还是多个实体，但实际上却被当作一个对象。在使用该命令时，只需要依次选择待合并的对象即可。

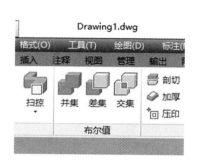

图 14-1-3 布尔运算选项工具

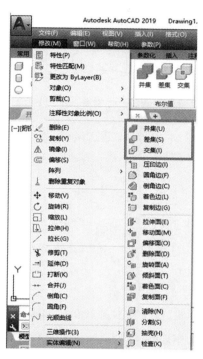

图 14-1-4 布尔运算菜单栏

2. 差集运算

"差集"命令 SUBTRACT，即可从一些实体中去掉部分实体，从而得到一个新的实体。

3. 交集运算

"交集"命令 INTERSECT，可以利用各实体的公共部分创建新实体。

实践活动

按图示要求，创建 ϕ100 mm×400 mm 的圆柱体和 Sϕ200 mm 的球体。（步骤略）

No.1 并集运算

单击"修改"下拉菜单中的"实体编辑"│"并集"，调用并集命令。

命令行提示：

选择对象： //拾取圆柱体和球体

此时圆柱体和球体转化成了一个新的实体，如图14-1-5和图14-1-6所示。

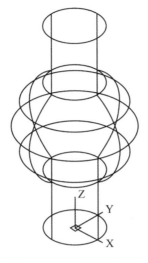 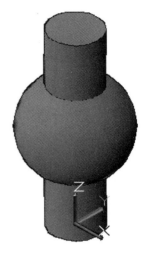

图 14-1-5　并集线框视图　　　　　图 14-1-6　并集概念视图

No.2　差集运算

单击"修改"下拉菜单中的"实体编辑"|"差集"，调用差集命令。

命令行提示：

命令：_subtract 选择要从中减去的实体、曲面和面域

选择对象： //拾取球体

选择要减去的实体、曲面和面域

选择对象： //拾取圆柱体

此时圆柱体和球体转化成了一个新的实体，如图14-1-7和图14-1-8所示。

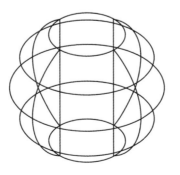 

图 14-1-7　差集线框视图　　　　　图 14-1-8　差集概念视图

No.3　交集运算

单击"修改"下拉菜单中的"实体编辑"｜"交集"，调用交集命令。

选择对象：　　//拾取圆柱体和球体

此时圆柱体和球体转化成了一个新的实体，如图 14-1-9 和图 14-1-10 所示。

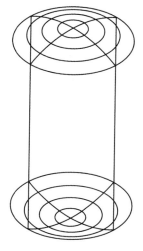

图 14-1-9　交集线框视图

图 14-1-10　交集概念视图

⊙ **专业对话**

在 AutoCAD 中常用的布尔运算有哪些？

⊙ **任务评价**

考核标准见表 14-1-1。

表 14-1-1　考核标准

序号	检测内容	检测项目	分值	要求	学生自评得分	教师评价得分
1	布尔运算	形成面域	10	操作正确无误		
2		并集运算	10			
3		差集运算	10			
4		交集运算	10			
5	知识运用	运用所学知识按要求完成操作	40	操作正确无误		

续表

序号	检测内容	检测项目	分值	要求	学生自评得分	教师评价得分
6	安全规范	使用正确的方法启动、关闭计算机	10	按照要求操作		
7		注意安全用电规范，防止触电	10			
				合计		

→ **拓展活动**

一、填空题

1. 对_____和_____进行_____、_____、_____运算，从而创建复杂三维实体，这些运算称为布尔运算。

2. 交集运算是一种获得两个相交面域或实体_____部分的方法。

3. _____是由封闭图形所形成的二维实心区域，它不但含有边的信息，还含有边界内的信息，用户可以对其进行各种布尔运算。

二、上机实践

1. 根据图 14-1-11 所示尺寸要求，应用拉伸、并集和差集等命令绘制实体。

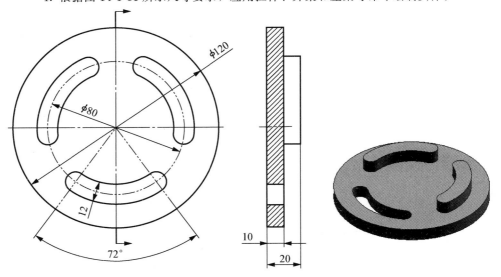

图 14-1-11　上机实践图一

2. 根据图 14-1-12 所示尺寸要求，应用拉伸、并集和差集等命令绘制实体。

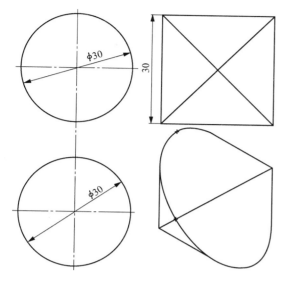

图 14-1-12 上机实践图二

→ 课外拓展

我国制造业的起步可以追溯到 20 世纪 50 年代，当时主要以农业和轻工业为主，技术水平相对较低。随着改革开放的推进，中国制造业逐渐崛起，成为世界制造业的重要一员。近年来，随着中国经济的快速发展和科技创新的不断推进，"中国智造"逐渐走向世界舞台，赢得了国际市场的广泛认可和赞誉，CAD 技术在其中发挥了越来越重要的作用，应用于诸多领域，例如：汽车制造、机器人制造、3D 打印、人工智能以及电子、通信、能源等领域。今后，我们将坚持面向世界科技前沿、面向经济主战场、面向国家重大需求、面向人民生命健康，加快实现高水平科技自立自强。作为新时代的青年学生，必须打下扎实的专业基础，切实增强业务本领，不断提升能力水平，今后才能更好地在建设教育强国、科技强国、人才强国的滚滚洪流中砥砺前行、担当大任。

项目十五

编辑三维对象

➜ 项目导航

编辑命令能有效地提高绘图速度和效率,在二维图形编辑中应用广泛的许多命令(如镜像、复制、移动)同样适用于三维对象。本项目将主要介绍对三维对象进行编辑的操作方法,包含对齐、移动、旋转、镜像、阵列、圆角边和倒角边等命令。

➜ 学习要点

1. 会对三维对象进行对齐、移动、旋转、镜像、阵列等操作。

2. 会对三维实体边进行圆角边、倒角边操作。

任务 编辑三维对象

➜ 任务目标

同学习要点。

➜ 任务描述

1. 对图 15-1-1 所示实体进行对齐、移动、旋转、镜像、阵列等操作。

2. 对图 15-1-1 所示实体进行倒角边和倒圆边操作，结果如图 15-1-2 所示。

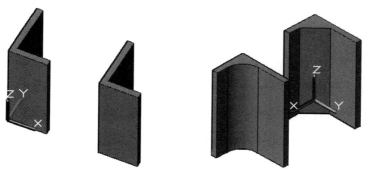

图 15-1-1　待编辑实体　　　　　　　　　图 15-1-2　圆角、倒角

（→）**学习活动** ────────────────────────────────

　　在二维图形编辑中的许多修改命令，如移动、复制、镜像等同样适用于三维对象。在菜单"修改"|"三维操作"中的命令，可对三维空间中的对象进行三维移动、三维旋转、三维对齐、三维镜像以及三维阵列等操作，如图 15-1-3 所示。

图 15-1-3　三维操作菜单栏

一、三维移动

　　命令：3DMOVE。执行"三维移动"命令时，选择需移动的对象后，AutoCAD 提示：

　　　　　　　　△ ▾ **3DMOVE 指定基点或 [位移(D)] <位移>：**

默认情况下，指定一个基点后，需再指定第二个点；也可以以第一个点为基点，以第二个点和第一个点之间的距离为位移，移动三维对象。如果选择"位移"选项，则可以直接根据三维位移量移动对象。

二、三维旋转

命令：3DROTATE。该命令可以使对象绕三维空间中任意轴（X 轴、Y 轴或 Z 轴），视图，对象或两点旋转。执行"三维旋转"命令时，选择需旋转的对象后，Auto-CAD 提示：

> **⊕ ▾ 3DROTATE 指定基点：**

同时，会显示随光标一起移动的三维旋转图标，如图 15-1-4 所示。在该提示下指定旋转基点，AutoCAD 将旋转图标固定在旋转基点位置，并提示：

> **⊕ ▾ 3DROTATE 拾取旋转轴：**

在此提示下，将光标置于图 15-1-4 所示的某一个椭圆上，此时该椭圆将以黄色显示，并显示与该椭圆所在平面垂直且通过图标中心的一条线，此线即为对应的旋转轴，如图 15-1-5 所示。确定旋转轴后，再指定角度或角的起点、端点，即可完成三维旋转。

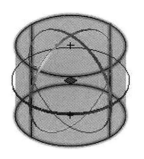
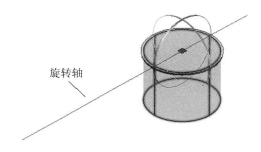

图 15-1-4 三维旋转图标   图 15-1-5 显示旋转轴

三、三维对齐

命令：3DALIGN。该命令可以在二维或三维空间中将选定的对象与其他对象对齐。执行"三维对齐"命令时，选择需对齐的对象后，根据提示依次指定源平面上的基点、第二个点、第三个点和目标平面上的第一个点、第二个点和第三个点，即可完成对齐。

四、三维镜像

命令：MIRROR3D。该命令可以在三维空间中将指定对象相对于某一平面镜像。

执行"三维镜像"命令时，选择需镜像的对象后，AutoCAD 提示：

```
指定镜像平面 (三点) 的第一个点或
MIRROR3D   [对象(O) 最近的(L) Z 轴(Z) 视图(V) XY 平面(XY) YZ 平面(YZ) ZX 平面(ZX) 三点(3)] <三点>:
```

此提示要求指定镜像平面。该提示中各选项的含义如下。

1. 指定镜像平面(三点)的第一个点

通过三点确定镜像平面，为默认选项。

2. 对象(O)

以指定对象所在的平面作为镜像平面。

3. 最近的(L)

以最近一次定义的镜像平面作为当前镜像平面。

4. Z 轴(Z)

通过确定平面上一点和该平面法线上的一点来定义镜像平面。

5. 视图(V)

以与当前视图平面平行的面作为镜像平面。

6. XY 平面(XY)、YZ 平面(YZ)、ZX 平面(ZX)

三个选项分别表示与当前 UCS 的 XY、YZ 或 ZX 平面平行的平面作为镜像平面。

7. 三点(3)

通过指点三点来确定镜像平面，其操作与默认选项操作相同。

五、三维阵列

命令：3DARRAY。该命令可以在三维空间中使用环形阵列或矩形阵列方式复制对象。

执行"三维阵列"命令时，选择阵列对象后，AutoCAD 提示：

```
输入阵列类型 [矩形(R) 环形(P)] <矩形>:
```

AutoCAD 提供了矩形阵列和环形阵列两种方式。

1. 矩形阵列（R）

执行该选项，根据提示分别输入行数、列数、层数，分别指定行间距、列间距和层间距，即可将所选对象按指定的行、列、层阵列。

说明：在矩形阵列中，行、列、层分别沿当前 UCS 的 X、Y 和 Z 轴方向。Auto-CAD 会提示输入沿某方向的间距值，此时直接输入正值或者负值即可。正值表示将沿对应坐标轴的正方向阵列，负值表示沿对应坐标轴的负方向阵列。

2. 环形阵列（P）

执行该选项，根据提示分别指定阵列的项目个数、填充角度，确定是否要进行自身旋转，然后指定阵列的中心点及旋转轴上的另一点，确定旋转轴，即可将所选对象进行环形阵列。

六、 倒角和圆角

为实体创建倒角的命令与为二维图形创建倒角的命令相同，即 CHAMFER 命令。该命令可以对实体的棱边修倒角，从而在两相邻曲面间生成一个平坦的过渡面。执行该命令，根据提示依次选择实体上要倒角的边、用于倒角的基面，指定倒角距离，即可创建倒角。

为实体创建圆角的命令与为二维图形创建圆角的命令相同，均为 FILLET 命令。该命令可以为实体的棱边修圆角，从而在两个相邻面间生成一个圆滑过渡的曲面。在为几条交于同一个点的棱边修圆角时，如果圆角半径相同，则会在该公共点上生成球面的一部分。执行该命令，根据提示依次选择需要创建圆角的边，指定圆角半径，即可创建圆角。

→ 实践活动 ────────────────────────────

No.1　三维对齐

调用三维对齐命令，命令行提示：

选择对象：//拾取待对齐的对象

指定基点或 [复制（C）]：　 //拾取点 1，如图 15-1-6 所示

指定第二个点或 [继续（C）]＜C＞：　 //拾取点 2，如图 15-1-6 所示

指定第三个点或[继续(C)]<C>：　//拾取点 3，如图 15-1-6 所示

指定第一个目标点：　//拾取点 4，如图 15-1-6 所示

指定第二个目标点或[退出(X)]<X>：　//拾取点 5，如图 15-1-6 所示

指定第三个目标点或[退出(X)]<X>：　//拾取点 6，如图 15-1-6 所示

结果如图 15-1-7 所示。

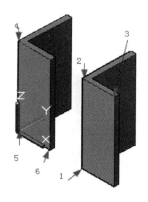
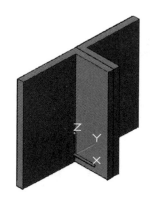

图 15-1-6　三维对齐指定参数　　　　图 15-1-7　三维对齐效果

No.2　三维移动

调用三维移动命令，命令行提示：

选择对象：　//拾取待移动的对象

指定基点或[位移(D)]<位移>：　//拾取点 1，如图 15-1-8 所示

指定第二个点或<使用第一个点作为位移>：　//拾取点 2，如图 15-1-8 所示

结果如图 15-1-9 所示。

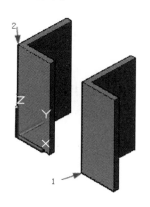

图 15-1-8　三维移动指定参数　　　图 15-1-9　三维移动效果

No. 3 三维旋转

调用三维旋转命令，命令行提示：

选择对象： //拾取待旋转的对象

指定基点： //拾取点1，如图15-1-10所示

拾取旋转轴： //拾取旋转轴，如图15-1-10所示

指定角的起点或键入角度： //输入−180

结果如图15-1-11所示。

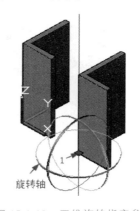 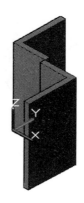

图 15-1-10 三维旋转指定参数   图 15-1-11 三维旋转效果

No. 4 三维镜像

调用三维镜像命令，命令行提示：

选择对象： //拾取源对象

指定镜像平面(三点)的第一个点或[对象(O)/最近的(L)/Z轴(Z)/视图(V)/XY平面(XY)/YZ平面(YZ)/ZX平面(ZX)/三点(3)]<三点>：//按回车键确定(默认为三点确定平面)

在镜像平面上指定第一点： //拾取点1，如图15-1-12所示

在镜像平面上指定第二点： //拾取点2，如图15-1-12所示

在镜像平面上指定第三点： //拾取点3，如图15-1-12所示

是否删除源对象？[是(Y)/否(N)]<否>： //按回车键确定

结果如图15-1-13所示。

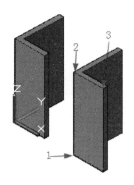 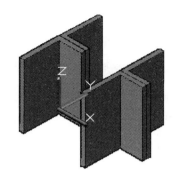

图 15-1-12　三维镜像指定参数　　　　图 15-1-13　三维镜像效果

No.5　三维阵列

(1)矩形阵列

调用三维阵列命令，命令行提示：

选择对象：　//拾取阵列对象

输入阵列类型[矩形(R)/环形(P)]<矩形>：　//按回车键确定(默认为矩形阵列)

输入行数(---)<1>：　//输入 2

输入列数(｜｜｜)<1>：　//输入 3

输入层数(...)<1>：　//输入 2

指定行间距(---)：　//输入 20

指定列间距(｜｜｜)：　//输入 30

指定层间距(...)：　//输入 50

结果如图 15-1-14 所示。

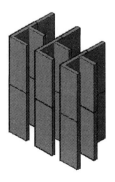

图 15-1-14　矩形阵列效果

(2)环形阵列

调用三维阵列命令，命令行提示：

选择对象：　//拾取待阵列的对象

输入阵列类型[矩形(R)/环形(P)]<矩形>：　//输入P(选择阵列类型为环形阵列)

输入阵列中的项目数目：　//输入6

指定要填充的角度(+＝逆时针，-＝顺时针)<360>：　//按回车键确定(默认填充角度为360°)

旋转阵列对象？[是(Y)/否(N)]<Y>：　//按回车键确定

指定阵列的中心点：　//拾取点1，如图15-1-15所示

指定旋转轴上的第二点：　//拾取点2，如图15-1-15所示

结果如图15-1-16所示。

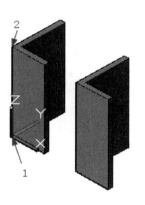 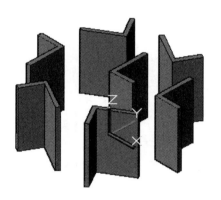

图 15-1-15　环形阵列指定参数　　　　图 15-1-16　环形阵列效果

No. 6　圆角和倒角

(1)圆角

调用圆角命令，命令行提示：

选择边或[链(C)/半径(R)]：　//拾取实体的棱边

按 Enter 键接受圆角或[半径(R)]：　//输入 R

指定半径或[表达式(E)]<1.0000>：　//输入 10

按 Enter 键接受圆角或[半径(R)]：　//按回车键确定

结果如图15-1-2所示。

（2）倒角

调用倒角命令，命令行提示：

选择一条边或［环（L）/距离（D）］：　//拾取实体的棱边

选择属于同一个面的边或［环（L）/距离（D）］：　//按回车键确定

按 Enter 键接受倒角或［距离（D）］：　//输入 D

指定基面倒角距离或［表达式（E）］＜1.0000＞：　//输入 10

指定其他曲面倒角距离或［表达式（E）］＜1.0000＞：　//输入 10

按 Enter 键接受倒角或［距离（D）］：　//按回车键确定

结果如图 15-1-2 所示。

→ 专业对话

在 AutoCAD 中常用的编辑三维对象的操作有哪些？

→ 任务评价

考核标准见表 15-1-1。

表 15-1-1　考核标准

序号	检测内容	检测项目	分值	要求	学生自评得分	教师评价得分
1	编辑三维对象	三维对齐	10	操作正确无误		
2		三维移动	10			
3		三维旋转	10			
4		三维镜像	10			
5		三维阵列	10			
6		倒角与圆角	10			
7	知识运用	运用所学知识按要求完成操作	20	操作正确无误		
8	安全规范	使用正确的方法启动、关闭计算机	10	按照要求操作		
9		注意安全用电规范，防止触电	10			
				合计		

→ 拓展活动 ─────────────────────────────

上机实践

将图 15-1-17 中的实体进行编辑，效果如图 15-1-18 至 15-1-22 所示。

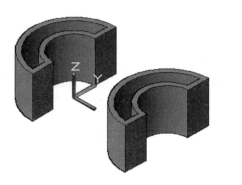
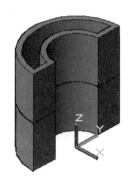

图 15-1-17 实体编辑练习图   图 15-1-18 三维移动

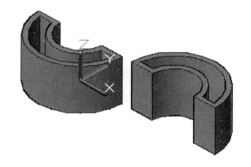

图 15-1-19 三维对齐   图 15-1-20 三维旋转

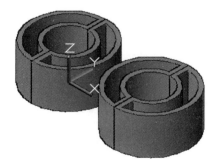
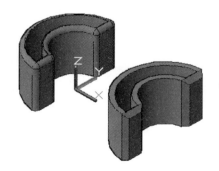

图 15-1-21 三维镜像   图 15-1-22 倒角和圆角

项目十六
高级编辑

➔ 项目导航

　　加厚命令能将曲面转化为实体；剖切命令能对三维对象进行剖切处理，便于观察内部结构；抽壳命令能将实体转化为薄壳体。本项目主要介绍加厚、剖切和抽壳命令的使用方法。

➔ 学习要点

　　1. 掌握加厚、剖切、抽壳的操作方法。

　　2. 合理选择加厚、剖切、抽壳命令编辑三维对象。

任务　高级编辑

➔ 任务目标

同学习要点。

➔ 任务描述

1. 将图 16-1-1 所示曲面加厚，转化为实体。

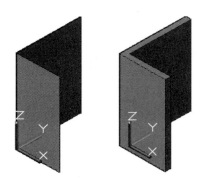

图 16-1-1　曲面加厚

2. 将图 16-1-2 所示实体进行剖切，生成新实体。

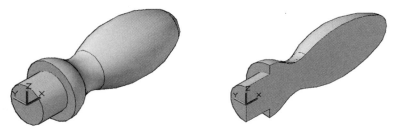

图 16-1-2　实体剖切

3. 将剖切生成的实体进行抽壳，生成图 16-1-3 所示的新实体。

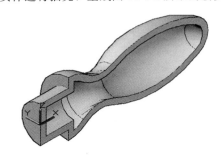

图 16-1-3　抽壳

⊙ 学习活动 ————————————————————————————●

一、加厚

命令：THICKEN。在"功能区"的"常用"选项卡"实体编辑"选项组中单击"加厚"

按钮🔲，或者选择菜单"修改"｜"三维操作"｜"加厚"命令，都可以为曲面添加厚度，使其成为一个实体。

执行加厚命令，选择需加厚的曲面后，AutoCAD 提示：

🔲 THICKEN 指定厚度 <10.0000>:

直接输入厚度数值，即可完成加厚。

注意：在指定加厚的厚度时，正值表示向外加厚，负值表示向内加厚。

二、 剖切

命令：SLICE。在"功能区"的"常用"选项卡"实体编辑"选项组中单击"剖切"按钮🔲，或者选择菜单"修改"｜"三维操作"｜"剖切"命令，都可以使用一个平面剖切一实体。剖切面可以是对象、Z 轴、视图、XY／YZ／ZX 平面或三点定义的平面。

执行剖切命令，选择需剖切的对象后，AutoCAD 提示：

🔲 SLICE 指定切面的起点或 [平面对象(O) 曲面(S) z 轴(Z) 视图(V) xy(XY) yz(YZ) zx(ZX) 三点(3)] <三点>:

各命令选项的含义如下：

1. 平面对象(O)

将所选对象的所在平面作为剖切面。

2. 曲面(S)

将剪切平面与曲面对齐。

3. Z 轴(Z)

通过在平面上指定一点和在平面的 Z 轴(法线)上指定另一点来定义剖切平面。

4. XY(XY)/YZ(YZ)/ZX(ZX)

将剖切平面与当前用户坐标系(UCS)的 XY 平面/YZ 平面/ZX 平面对齐。

5. 三点(3)

根据空间的三个点确定的平面作为剖切面。确定剖切面后，系统会提示保留一侧或两侧。

三、 抽壳

命令：SOLIDEDIT。在"功能区"的"常用"选项卡"实体编辑"选项组中单击"抽壳"按钮 🔳，或者选择菜单"修改"｜"实体编辑"｜"抽壳"命令，都可以用指定的厚度将实体转化为薄壳体。

执行抽壳命令，选择要抽壳的对象后，AutoCAD 提示：

> 🔳 ▾ SOLIDEDIT 删除面或 [放弃(U) 添加(A) 全部(ALL)]：

在对象上选择要打开的平面，AutoCAD 继续提示：

> 🔳 ▾ SOLIDEDIT 输入抽壳偏移距离：

直接输入厚度值，即可完成抽壳。

→ **实践活动** ————————————————————————————●

No.1 加厚

调用加厚命令，命令行提示：

选择要加厚的曲面： //拾取图 16-1-1 中的曲面

指定厚度<0.0000>： //输入厚度值 5

最终效果如图 16-1-1 所示。

No.2 剖切

调用剖切命令，命令行提示：

选择要剖切的对象： //拾取图 16-1-2 中的实体

指定切面的起点或［平面对象(O)/曲面(S)/Z 轴(Z)/视图(V)/XY(XY)/YZ(YZ)/ZX(ZX)/三点(3)]<三点>： //zx

(注意：此处利用坐标平面作为剖切面比较方便，有些情况下，可以使用三点的方式确定剖切的平面。)

指定 ZX 平面上的点<0，0，0>： //按 Enter 键确定

在所需的侧面上指定点或［保留两个侧面(B)]<保留两个侧面>： //鼠标左键单击保留侧

最终效果如图 16-1-2 所示。

No.3 抽壳

调用抽壳命令，命令行提示：

选择三维实体： //拾取图 16-1-2 中的实体

删除面或[放弃(U)/添加(A)/全部(ALL)]： //拾取图形上要打开的平面

输入抽壳偏移距离： //输入壳的厚度"3"

最终效果如图 16-1-3 所示。

专业对话

在 AutoCAD 中常用的三维高级编辑命令有哪些？

任务评价

考核标准见表 16-1-1。

表 16-1-1 考核标准

序号	检测内容	检测项目	分值	要求	学生自评得分	教师评价得分
1	高级编辑	加厚曲面	20	操作正确无误		
2		剖切实体	20			
3		抽壳实体	20			
4	知识运用	运用所学知识按要求完成操作	20	操作正确无误		
5	安全规范	使用正确的方法启动、关闭计算机	10	按照要求操作		
6		注意安全用电规范，防止触电	10			
				合计		

拓展活动

一、填空题

1. 在 AutoCAD 中使用加厚命令，在指定加厚的厚度时，正值表示向_____加厚，负值表示向_____加厚。

2. 在 AutoCAD 中，用指定的厚度将实体转化为薄壳体的操作是_____。

二、上机实践

使用加厚、剖切和抽壳命令，将图 16-1-4(a)所示的曲面编辑成实体[图 16-1-4(b)]。

（提示：先将曲面加厚 50 mm；然后，使用 YZ 面剖切实体；最后，对实体进行抽壳，抽壳厚度 10 mm。）

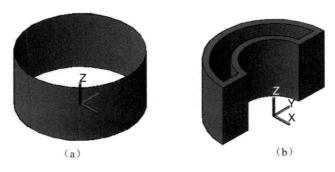

（a）　　　　　　　　　　　　（b）

图 16-1-4　上机实践图

项目十七

三维造型综合训练

➡ 项目导航

本项目以常见的实体模型为例，详细讲解造型思路、方法与步骤，以巩固前面项目讲解的三维对象的相关操作的内容。

➡ 学习要点

1. 熟练掌握各种三维绘图命令的操作方法。
2. 掌握三维实体的绘制方法及思路。

任务 三维造型综合训练

➡ 任务目标 ————————————————————————

同学习要点。

➡ 任务描述 ————————————————————————

根据图 17-1-1 要求，完成三维实体造型。

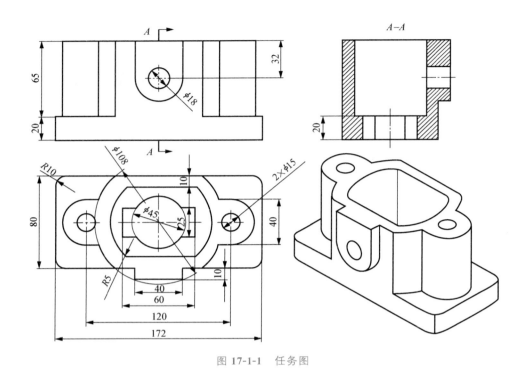

图 17-1-1 任务图

学习活动

在创建三维对象时，有时需要在已绘制的实体的侧面绘制二维截面，以便进行拉伸等操作。为了方便地绘制二维截面，我们常常需要调整视点，将绘图平面正对我们。但是，在绘制第一条线时又不确定捕捉到的点是否就是想要绘制截面线的平面上的点。所以，要灵活运用动态观察的方法，先确保捕捉到的点是想要绘制的平面上的点，然后再调整视点，将绘图平面正对我们，绘制其余的线。

实践活动

绘制三维图形时，首先分析图纸，建立基本的建模思路。绘制该三维图形时，可以通过将二维截面进行拉伸等操作来建立三维实体。具体绘制步骤如下：

①新建文件，通过 VIEWCUBE，调整视点为"上"，此时，我们正对 XY 平面。单击"视觉样式"下拉列表，选择"二维线框"。

②单击"长方体"命令，以(0，0，0)为角点，绘制长为 172 mm，宽为 80 mm，高为 20 mm 的长方体。通过 VIEWCUBE，调整为东南等轴测视图，如图 17-1-2 所示。

③单击"倒角边"命令，对长方体的 4 条棱边倒圆角，圆角半径为 10 mm，如

图 17-1-3 所示。

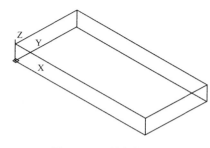

图 17-1-2　绘制长方体

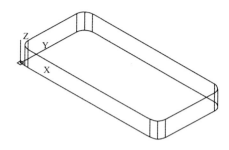

图 17-1-3　倒圆角

④通过 VIEWCUBE，调整视点为"上"，如图 17-1-4 所示。

图 17-1-4　调整视点

⑤使用直线、圆弧等二维绘图指令，根据图 17-1-1 所示尺寸绘制二维截面。

注意：务必将连接的线段转化为多段线，才能在下一步拉伸时使用。可以在命令行输入 PEDIT 命令将连接的直线和圆弧转化为多段线，如图 17-1-5 所示。

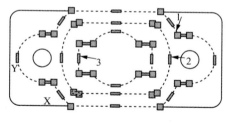

图 17-1-5　编辑多段线

⑥通过 VIEWCUBE，调整为东南等轴测视图，如图 17-1-6 所示。

⑦单击"三维移动"命令，将图 17-1-5 中的截面 1 和截面 2 移动到长方体的上表面，如图 17-1-7 所示。

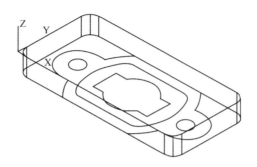

图 17-1-6 东南等轴测视图

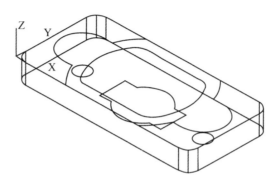

图 17-1-7 三维移动截面

⑧单击"拉伸"命令，拾取截面线串 1 和截面线串 2，拉伸高度为 65 mm。单击"视觉样式"下拉列表，选择"概念"，效果如图 17-1-8 所示。

⑨单击"差集"命令，将拉伸截面 2 生成的实体从拉伸截面 1 生成的实体中抠掉，如图 17-1-9 所示。

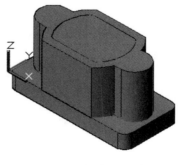

图 17-1-8 概念视觉样式

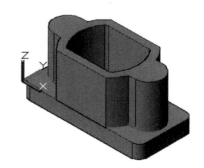

图 17-1-9 差集

⑩单击"拉伸"命令，拾取图 17-1-5 中的截面 3，拉伸高度为 20 mm。动态旋转视

图，如图 17-1-10 所示。

⑪单击"差集"命令，将拉伸截面 3 生成的实体从长方体中抠掉，如图 17-1-11 所示。

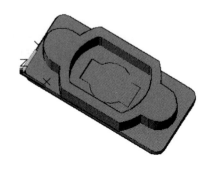

图 17-1-10　动态旋转图　　　　　　　　图 17-1-11　差集

⑫单击"并集"命令，拾取上下两部分实体，使其合并为一个实体。调整视图为东南等轴测视图，如图 17-1-12 所示。

⑬单击"拉伸"命令，拾取 $\phi 15$ 的两个圆，拉伸高度为 85 mm，如图 17-1-13 所示。

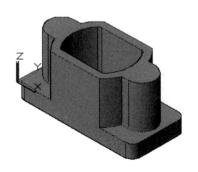
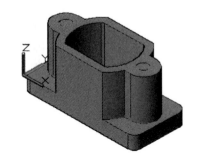

图 17-1-12　东南等轴测视图　　　　　　　图 17-1-13　拉伸圆柱

⑭单击"差集"命令，从实体中抠掉上一步拉伸生成的实体，如图 17-1-14 所示。

⑮选择菜单"工具"│"新建 UCS"│"X"，旋转 90°，如图 17-1-15 所示。

⑯单击"视觉样式"下拉列表，选择"二维线框"，调整视图为"前视图"，如图 17-1-16 所示。

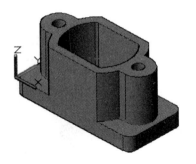

图 17-1-14　差集

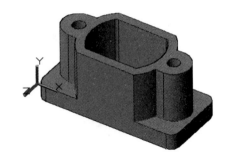

图 17-1-15　新建 UCS

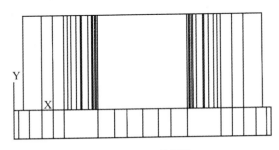

图 17-1-16　前视图

⑰使用直线、圆弧等二维绘图指令，绘制侧面的截面，如图 17-1-17 所示。

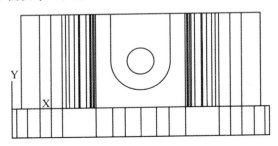

图 17-1-17　绘制二维图形

⑱单击"拉伸"命令，拾取外轮廓，拉伸高度为 20 mm。单击"视觉样式"下拉列表，选择"概念"。调整视图为东南等轴测视图，如图 17-1-18 所示。

⑲单击"并集"命令，拾取两部分实体，使其合并为一个实体，如图 17-1-19 所示。

⑳单击"拉伸"命令，拾取 ϕ18 的圆，拉伸高度为 20 mm，如图 17-1-20 所示。

㉑单击"差集"命令，从实体中抠掉上一步拉伸生成的实体，完成实体造型，如图 17-1-21 所示。

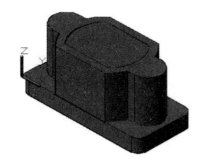

图 17-1-18　拉伸侧面轮廓

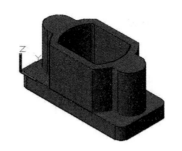

图 17-1-19　并集

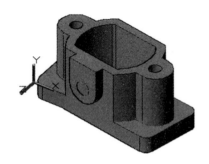

图 17-1-20　拉伸圆柱

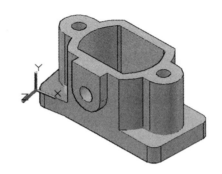

图 17-1-21　差集

专业对话

绘制三维图形时的一般思路是什么？

任务评价

考核标准见表 17-1-1。

表 17-1-1　考核标准

序号	检测内容	检测项目	分值	要求	学生自评得分	教师评价得分
1	三维造型综合训练	调整视图、视点	5	操作正确无误		
2		绘制二维截面、绘制基本实体	20			
3		新建 UCS	5			
4		三维移动	5			
5		布尔运算	20			
6		更改视觉样式	5			

续表

序号	检测内容	检测项目	分值	要求	学生自评得分	教师评价得分
7	知识运用	运用所学知识按要求完成操作	20	操作正确无误		
8	安全规范	使用正确的方法启动、关闭计算机	10	按照要求操作		
9		注意安全用电规范，防止触电	10			
				合计		

→ **拓展活动**

上机实践

1. 根据图 17-1-22 所示的要求，完成实体造型。

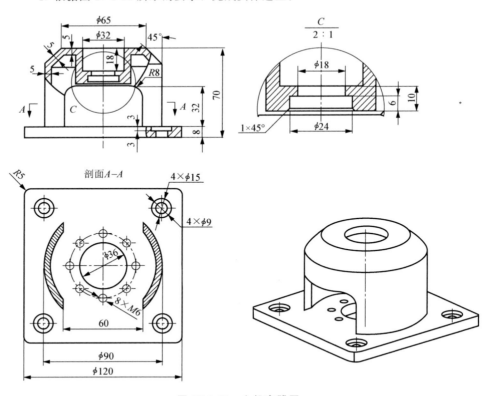

图 17-1-22　上机实践图一

2. 根据图 17-1-23 所示的要求，完成实体造型。

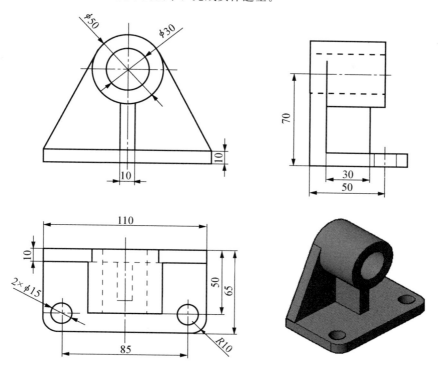

图 17-1-23　上机实践图二

3. 根据图 17-1-24 所示的要求，完成实体造型。

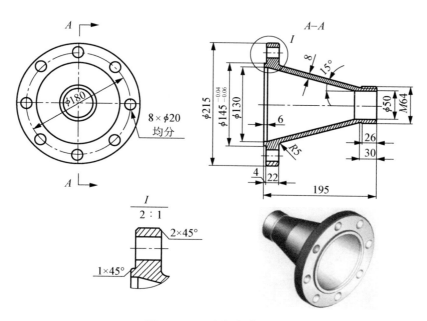

图 17-1-24　上机实践图三

参考文献

［1］姜勇，姜军．AutoCAD 2009 中文版辅助机械制图项目教程［M］．北京：人民邮电出版社，2009．

［2］薛焱．中文版 AutoCAD 2010 基础教程［M］．北京：清华大学出版社，2009．

［3］郭朝勇．AutoCAD 2006 中文版应用基础［M］．北京：电子工业出版社，2006．

［4］龙马工作室．AutoCAD 2011 从新手到高手［M］．北京：人民邮电出版社，2011．

［5］胡仁喜，闫聪聪．AutoCAD 2013 中文版标准培训教程［M］．北京：电子工业出版社，2013．

［6］邱龙辉．AutoCAD 2014 工程制图（第 3 版）［M］．北京：机械工业出版社，2016．

［7］王慧，姜勇．AutoCAD 2014 机械制图实例教程（第 3 版）［M］．北京：人民邮电出版社，2017．

［8］崔晓利，王保丽，贾立红．中文版 AutoCAD 工程制图（2016 版）［M］．北京：清华大学出版社，2017．